"漫画"最容易操作,虽然会花很多钱……

抑郁映射图"吧！

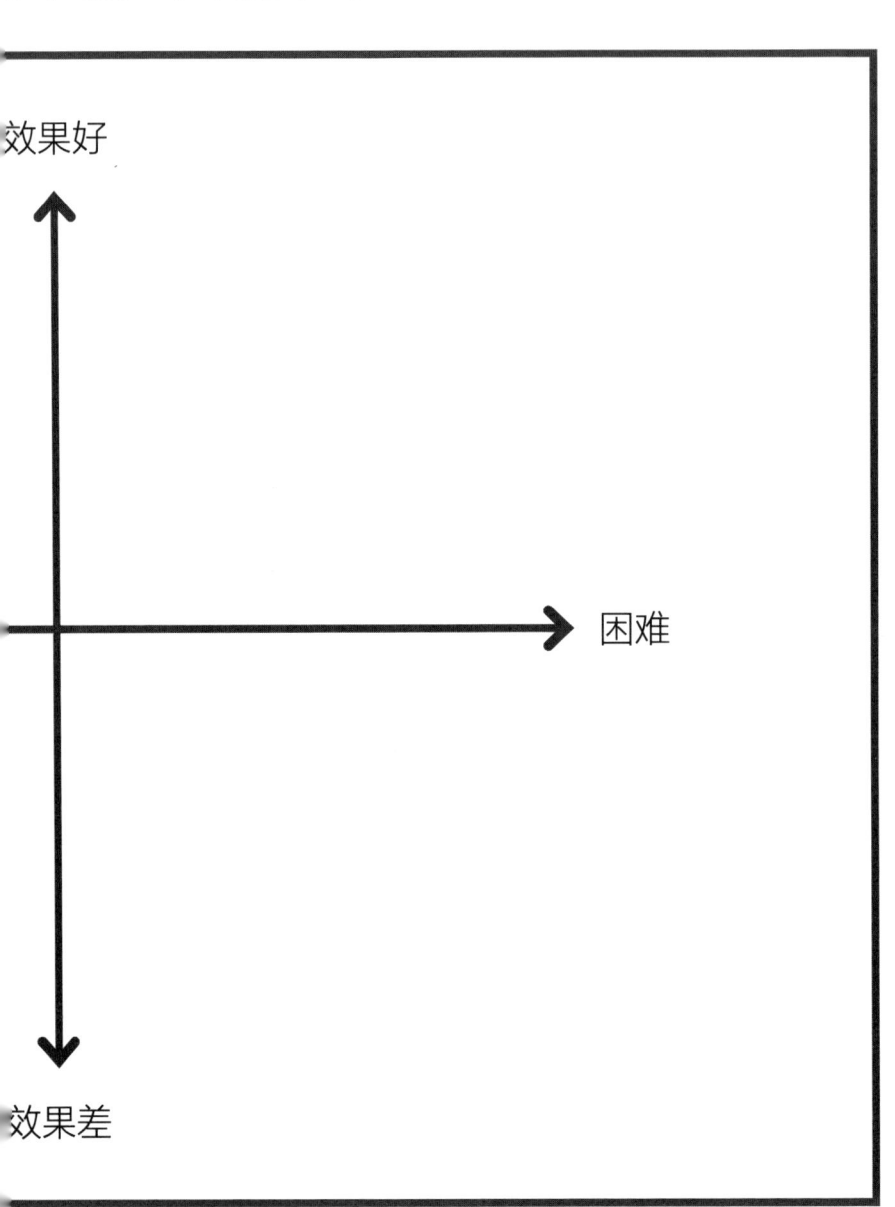

效果好

困难

效果差

制作你的"

轻松 ←

"动画"只要不过度沉迷就可以。

"心理咨询"可以找到商量的对象，非常推荐！

翻开填写『你的抑郁映射图』吧！

在治疗抑郁症的路上，我是这样努力自救的。
按照治疗效果和难易度，我制作了一图表。

效果好

爱犬　　沉浸在兴趣爱好中　　散步　简化思考　停止与他人比较　改善认知　金钱　理解者的存在
香草茶　　　　　　　　　　读书　心理咨询　找朋友玩儿　　自我理解
睡觉　看YouTube　控制甜食
深呼吸　　　　　　不过于沉重的经验之谈　记笔记　　　　　　　　　抗抑郁药
轻松　推特（Twitter）　　　　　　　设定目标　约平时不常见的朋友见面　旅行

轻松　　　　　　　　　　　　　　　　　　　　　　　　　　　　　困难

照片墙（Instagram）　漫画　游戏
脸书（Facebook）　　　　动画片　　改变饮食习惯　　锻炼肌肉
看电视　　　　　　　　花钱　　　　　　　　　　　心理疗养社群

效果差

战胜抑郁

[日]星野良辅◎著
金香兰◎译

一张图表了解
治愈抑郁的各种方法

中国纺织出版社有限公司

原文书名　うつを治す努力をしてきたので、効果と難易度でマッピングしてみた
原作者名　ほっしー
UTSU WO NAOSU DORYOKU WO SHITE KITA NODE, KOUKA TO NANIDO DE MAPPING SHITE MITA
Copyright © 2018 by Hossy
Illustrations © Kurakichi
Original Japanese edition published by Discover 21, Inc., Tokyo, Japan
Simplified Chinese edition published by arrangement with Discover 21, Inc. through Shinwon Agency

本书中文简体版经Discover21株式会社授权，由中国纺织出版社有限公司独家出版发行。本书内容未经出版者书面许可，不得以任何方式或任何手段复制、转载或刊登。

著作权合同登记号：图字：01-2020-0887

图书在版编目（CIP）数据

战胜抑郁：一张图表了解治愈抑郁的各种方法／（日）星野良辅著；金香兰译. --北京：中国纺织出版社有限公司，2023.8
ISBN 978-7-5180-9994-8

Ⅰ. ①战… Ⅱ. ①星… ②金… Ⅲ. ①抑郁—心理调节—通俗读物 Ⅳ. ①B842.6-49

中国版本图书馆CIP数据核字（2022）第204314号

责任编辑：赵晓红　　责任校对：寇晨晨　　责任印制：储志伟

中国纺织出版社有限公司出版发行
地址：北京市朝阳区百子湾东里A407号楼　邮政编码：100124
销售电话：010—67004422　传真：010—87155801
http://www.c-textilep.com
中国纺织出版社天猫旗舰店
官方微博 http://weibo.com/2119887771
唐山玺诚印务有限公司印刷　各地新华书店经销
2023年8月第1版第1次印刷
开本：880×1230　1/32　印张：7.25
字数：135千字　定价：58.00元

凡购本书，如有缺页、倒页、脱页，由本社图书营销中心调换

前　言

"你请3个月的病假吧。"

这是我第一次去医院精神科就诊的时候，被医生告知的原话。

在人的一生中，难免会遭遇几次令人震惊的事，而这个诊断结果对我来说无异于晴天霹雳。

当时，我认为"抑郁症=拖社会后腿"，一想到自己被列入抑郁人群之列，我真的很崩溃，有一段时间觉得自己就是一个一无是处的废人。

在阅读本书的读者中，或许有人正处于我当初的那个境地。

"喝完药睡一觉，抑郁就会好的。"

这是我们耳熟能详的一句话。我曾经真的相信了这句话，乖乖地吃药，然后就去睡觉。

的确，有了一丝好转。

但是，除了睡觉，什么也做不了啊，连思考都做不到。

虽然有一种从一个仅仅会呼吸的生物体回到了人类的感觉，但还是无法与家人正常沟通，不能外出购物，更不用说上班了，这些事情对于我来说都是可望而不可即的。

"通过吃药好转，的确是事实，但其效果真的是微乎其微……"

这是我的真实感受。

写这本书的理由

大家好！让大家久等了。正式向大家做个自我介绍。

我是一名博主，目前用"Hossy@MentalHack"（注：这里MentalHack的意思为心理黑客）这个网名运营管理我的博客和推特。

"心理黑客"是指"破解心理的人"，是生活黑客的心理版本。如果大家能将其理解为分析并改善自己的心理……重新改写"心"的程序（=破解），我就非常欣慰了。

我成为心理黑客的原因其实很简单。

因为我曾经也是一名抑郁症患者。

"仅靠药物是治不好自己的抑郁症的。"

当我意识到"仅靠药物治疗是没法完全治愈自己"的时候，就下定决心开始尝试各种治疗方法。

凭着不试一下怎么知道的精神毅力，从大家都知道的所谓的对抑郁症有效的治疗方法，到不到万不得已不要尝试的治疗方法，基本都尝试过了。

结果，身体逐渐恢复，可以正常外出了。

我思索着如何把我的经验，以通俗易懂的方式分享给需

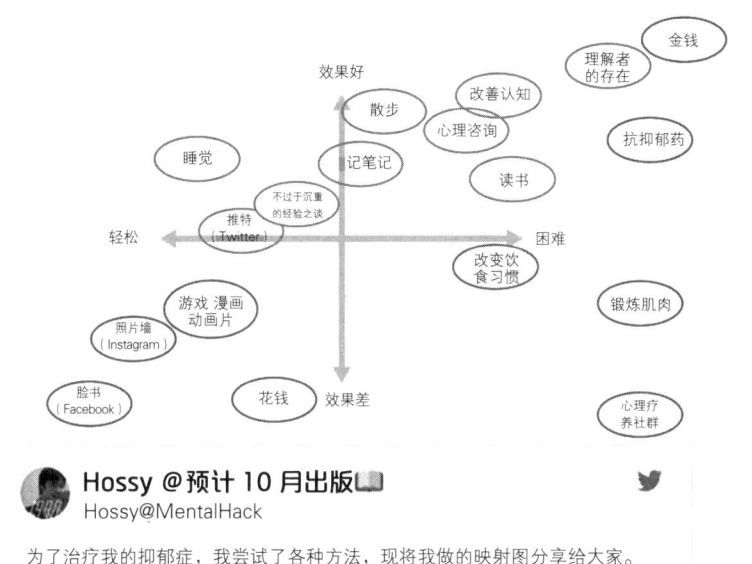

```
              效果好
                     ↑
                          改善认知
                    散步
            睡觉        心理咨询      理解者   金钱
                                    的存在
                 记笔记                     抗抑郁药
                         读书
              不过于沉重
              的经验之谈
轻松   推特                                  困难
←──  (Twitter) ─────────────┼──────────────→
                                改变饮
                                食习惯
                                           锻炼肌肉
        游戏 漫画
        动画片
    照片墙
   (Instagram)
  脸书        花钱   效果差                心理疗
 (Facebook)                              养社群
                     ↓
```

Hossy @预计10月出版📖
Hossy@MentalHack

为了治疗我的抑郁症,我尝试了各种方法,现将我做的映射图分享给大家。
15:16—2018年4月16日
24681人评论了此话题

↑这是我在推特上发布的第一条推文

要的人。最终,我决定把我制作的"抑郁映射图"公开发布到推特上。

"抑郁映射图",**就是把我曾经尝试过的"有助于治疗抑郁症"(被推荐)的所有的事项,按照"效果"及"难易度"总结的一张一目了然的图表。**

没想到,有2.4万多人转发了此条推文,还获得了4万多的"赞"!

不仅如此,好多粉丝看到我分享的映射图后,发来信息跟我说"我也要做一个映射图!"并且给我发来了他们自己做的映射图。

还有很多反馈，诸如：

"我试着把自己做过的事情做了分类，感觉挺有趣的。"

"让我想起了已经被遗忘的有效的做法，我想重新试一下。"

"病友们分享的映射图对我太有帮助了。我也要尝试各种方法！"

"'抑郁映射图'竟然能发挥出如此强大的影响力！"这远远超乎了我的想象！

"我都尝试过这些方法，快来试试吧！"，说实话，当初我就是单纯地想和大家分享，没想到会有如此大的反响，真是震惊到我了。

就这样，在各种分享活动的推动下，我在福冈的博多市举办了"抑郁映射"主题活动。

并且，就在这期间，我收到了出书的邀请。正是这种绝妙的机缘巧合，让我觉得一定是冥冥之中有所指引，让我下定了写书的决心。

出人意料的是，竟然没有基于实际经历的信息！

患抑郁症之后，让我最痛苦的并不是症状，**而是得不到身边人的理解**。

因为身边没有相同经历的人，所以大多数患者都处于迷茫、不知所措的状态。

曾经的我也是这个样子。在黑暗中苦苦挣扎着……那种举步维艰的感觉用"地狱"这个词形容再合适不过了。

"有助于治疗抑郁症、最好不要做××",像这样的信息,在网络上随处可见。却**几乎找不到分享真实经历的文章**。

"就靠药物撑着,也不是长久之计……"

"我想知道和我一样的患者都是怎么治疗的。"

"虽然好了很多,但是还不够自信。"

看到这些患者一边受着病痛的折磨,仍不忘努力改变自己的坚强的样子,我迫不及待地想把我总结的"有效"和"无效"的成果分享给他们,于是就出版了这本书,希望给病友们一点提示和帮助。

我把过去4年时间里亲自经历的经验之谈都写在了这本书中。

"**针对抑郁症绝对有效!**"在这本书中不会出现**这种绝对正确的说法**。因为不适用于我的做法,并不代表不适用于他人。

所以,还是希望大家都尝试一遍,从中找到最适合自己的做法。

"抑郁映射图"具有这样的效果!

最后,我想简单介绍一下"抑郁映射图"的效果。

通过制作"抑郁映射图",可以了解自己不同维度的

倾向。

都说"散步有助于抑郁症的治疗！"如果自己不亲身体验一下，根本无法感同身受。

同时，还要结合当时症状的轻重程度，以及是否喜欢散步等，这些因素都会影响到治疗效果。

不要忘了，人是一种健忘的生物。所以，为了快速地想起对自己见效的做法，**我认为制作映射图是非常有必要且重要的事情。**

我经常在某次回想中发现"对了，那个做法很管用"。

人每天都在发生着改变，所以"映射图"也不是固定不变的，而是随着时间变化的。所以，过了几个月重新制作一下，就会变成与之前不一样的映射图，对比着看一看也可以收获不一样的快乐。

另外，"抑郁映射图"在"给别人看/看别人的"时候，也会起到作用。

当你发布到社交网络上时，这些就能成为与他人沟通的契机。并且，因为每个人有适合自己的做法，顺便还可以参考别人的"抑郁映射图"。

所以，大家也不妨尝试一下在社交网络上分享你的"抑郁映射图"。（在书的最后，我为大家准备了空白映射图！）

我真心希望看到映射图的读者，能收获客观分析自己的能力，并且通过社交网络结识到很多志同道合的朋友。真的没有比这个更让我开心的事情了。

在治疗抑郁症的路上,我是这样努力自救的。按照治疗效果和难易度,我制作了一个映射图。

* 本书是之前罹患抑郁症,目前已接近痊愈状态的作者亲自实践并总结的"抑郁症状应对方法"。虽然无法承诺是"绝对有效的方法",但是希望这本书能给那些饱受抑郁症折磨,仍想改变自己的人们提供一些启发。(编辑部)

效果好 ↑

- 爱犬 028
- 香草茶 021
- 沉浸在兴趣爱好中 038
- 睡觉 016
- 看YouTube 033
- 控制甜食 048
- 不过于沉重的经验之谈 010
- 深呼吸 043
- 推特 002

轻松 ←

- 漫画 178
- 游戏 173
- 照片墙 166
- 脸书 166
- 动画片 182
- 看电视 186
- 花钱 169

↓ **效果差**

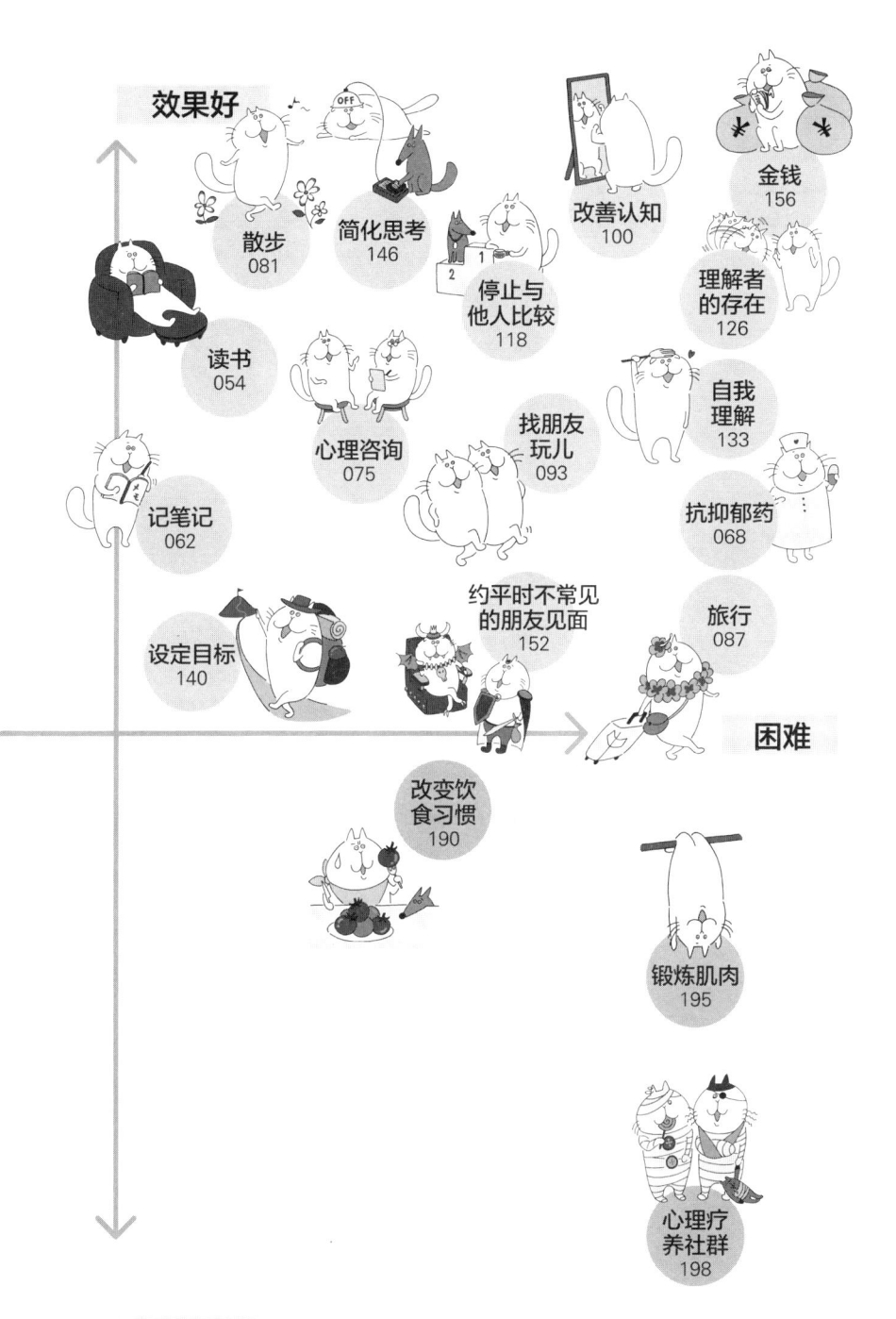

↑ 效果好

散步 081
简化思考 146
改善认知 100
金钱 156
理解者的存在 126
读书 054
心理咨询 075
找朋友玩儿 093
自我理解 133
记笔记 062
抗抑郁药 068
设定目标 140
约平时不常见的朋友见面 152
旅行 087

→ 困难

改变饮食习惯 190

锻炼肌肉 195

心理疗养社群 198

↓ 效果差

目 录

第一章 效果好 轻松 _ 001

1 推特 _ 002
2 不过于沉重的经验之谈 _ 010
3 睡觉 _ 016
4 香草茶 _ 021
5 爱犬 _ 028
6 看YouTube _ 033
7 沉浸在兴趣爱好中 _ 038
8 深呼吸 _ 043
9 控制甜食 _ 048

第二章 效果好 难度高 _ 053

10 读书 _ 054
11 记笔记 _ 062
12 抗抑郁药 _ 068
13 心理咨询 _ 075
14 散步 _ 081
15 旅行 _ 087
16 找朋友玩儿 _ 093
17 改善认知 _ 100

18 停止与他人比较 _ 118
19 理解者的存在 _ 126
20 自我理解 _ 133
21 设定目标 _ 140
22 简化思考 _ 146
23 约平时不常见的朋友见面 _ 152
24 金钱 _ 156

第三章　效果差　轻松 _ 165

25 脸书和照片墙 _ 166
26 花钱 _ 169
27 游戏 _ 173
28 漫画 _ 178
29 动画片 _ 182
30 看电视 _ 186

第四章　效果差　困难 _ 189

31 改变饮食习惯 _ 190
32 锻炼肌肉 _ 195
33 心理疗养社群 _ 198

参考文献 _ 203
后记 _ 207
解说 _ 211

第一章

效果好　轻松

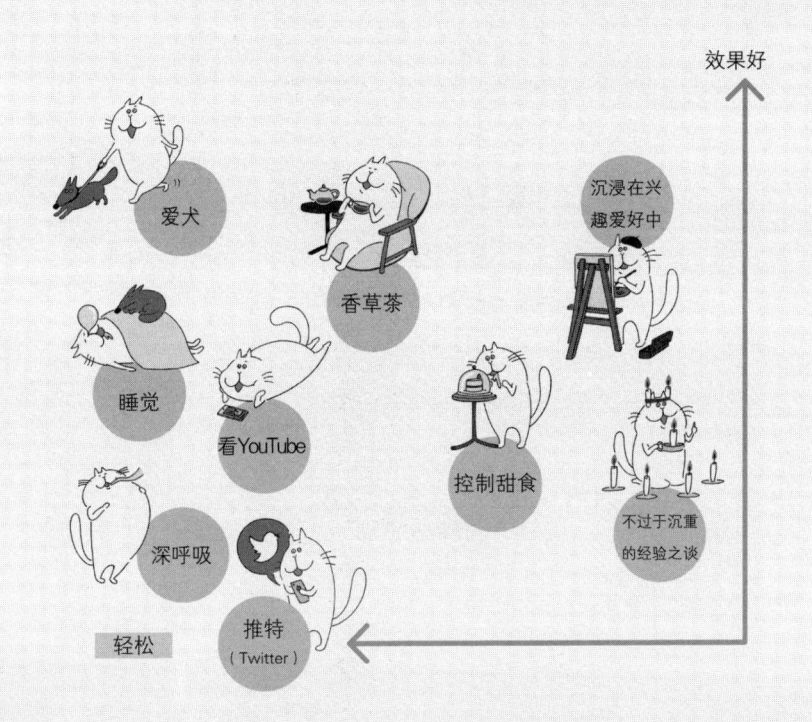

效果好

沉浸在兴趣爱好中

爱犬

香草茶

睡觉

看YouTube

控制甜食

不过于沉重的经验之谈

深呼吸

推特
（Twitter）

轻松

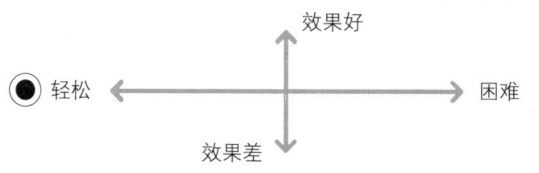

战胜抑郁

002 _ 一张图表了解治愈抑郁的各种方法

推特

1

效果好
● 轻松 ←——————→ 困难
效果差

【效果】　　　★★★☆☆
【难易度】　　★★★★★
【推荐级别】　★★★☆☆

【优点】
有很多抑郁症患者分享的笔记和真实的声音

【缺点】
有引发争议的风险

◎ 包含着很多经验帖，干货满满

在搜索引擎中输入"抑郁症症状"，就会给你推荐很多精神科医生，或者是临床心理治疗师网站。

因为医疗相关的信息不允许出现错误，所以，从信息的可信度来讲，搜索引擎可以说是非常优秀的工具……但是，从患者的角度来讲，其实这些不是他们想要获取的信息，这种感觉是难以否定的。

那么，如果在推特的搜索栏里输入"抑郁症症状"的话，会显示哪些信息呢？

你会看到大量的普通人自己的经验帖及他们的真实心声。这些帖文并不是整理编辑好的，而更像是一些"人们的牢骚"。如果被问到这些信息是否有帮助时，很难让人痛快地点头称是。

然而，"在这个世界上受尽折磨的，只有我自己吗？"对于这种容易把自己逼到绝境的抑郁症患者来说，每一句话都是鼓舞人心的。

因为，他们可以领悟到"哦……原来有这么多和我同病相怜的人呢……"

现实生活中几乎不存在（看似不存在）的"抑郁症病友"，原来都集中在那里了。

对于痛苦不堪、内心备受摧残的人来说，只要知道存在着与自己有着同样经历的人，就能得到心灵的救赎。

◎ 自我表现自不必说，推特在确立自我主体性等方面也获得了高度评价

推特不但可以作为有效的收集信息的手段，还可以成为自我成长的平台。

英国皇家公共卫生学会（以下称RSPH）就社交网站进行了调查，并得出了如下结果。

获得第2位的是推特。当然除了自我表现方面，在确立自我主体性等方面也获得了高度评价，但是在"bullying"（欺凌）及"fomo"（社交控）等方面造成了不良影响。[1]

推特的精髓在于用140字的短文发表自己的想法。利用短短的推文，有些人直言不讳，还有些人用简洁明了的语言，条理清晰地表达出来。

正因为不用刻意动脑就可以发表推文，对因抑郁症导致头脑不太灵活的大多数抑郁症患者来说，推特算是很容易操作的了（当年的我也是如此）。

即便是不假思索地一通乱写，在重新翻阅时，还是会有很多新的发现。

翻阅推特时，让我印象最深刻的是，我担心的事情竟然

几乎都没有发生。

都说"你所担心的事，九成都不会发生"，真的是这样。即使发生了，也基本都是微不足道的小事。

得了抑郁症之后，会缺乏客观判断事物的能力。但是，仅仅是回看之前的推文这样一个小举动，就能够培养你客观看待事物的能力。

另外，推特好比向所有人公开的日记，看到的网友有时会留下评论。

偶尔会遇到恶意评论，但是它能给你**带来新视角**，从这个意义上来讲，在治疗方面也发挥着很大的作用。

◎ "欺凌"和"社交控"是不良影响吗

正如RSPH的调查结果显示的那样，"欺凌"和"社交控"所造成的不良影响必定是存在的。

首先，说一下"社交控"的心理。

这种心理属于内部原因。也就是说，主要是自己的心态和思考方式的问题，所以在某种程度上是可以控制的。

接触过推特的人都知道，刚开始无论你怎样发牢骚，都没有人会和你互动。

"这个话题应该能和大家产生共鸣吧？"像这样即使你

觉得很不错的推文，能获得1个赞算是很不错了。

还有就是不言自明的"粉丝数"。

每个人关注某个博主的动机各不相同。

- 因为是粉丝。
- 有点感兴趣。
- 推文对自己有益。
- 点错关注。

可不知为何，很多人都认为"粉丝数=忠实粉丝数"。

殊不知，很多时候，可能是读者不小心按下关注才成为粉丝的。

不得不承认，**人们都是容易被数据说服的**。只要是已步入社会的人，应该都会认同这个观点吧？

假设有一家公司在炫耀自家公司今年的利润额。

A. 相比去年利润增长了不少！
B. 今年的利润是去年的两倍！

你觉得哪种说法更让你感到"了不起"呢？我觉得几乎都选了B吧。

我们做个简单的梳理，当人们看到某个人的粉丝数比自己的粉丝数多的时候，会产生失落感，其原因大致如下。

①"粉丝数=忠实粉丝数"的错误认知。
②数字本身造就的说服力。

如果能正确地理解以上两点,失落感就会减轻很多。

再说一下"欺凌"。这属于外在因素,因此很难做到自我控制。

在推特的世界里,一旦曝出大量负面消息,就会引发欺凌事件。

"呦嗬!果然引发争议了!这就是那个混蛋啊!"像这样信口开河、口无遮拦的评论不胜枚举。

不管文章的来龙去脉是什么,就像一个一边看着电视一边"口吐芬芳"的大叔一样。

但是,这与现实世界的欺凌有着不同之处。

①转瞬即逝。
②很少有成群攻击的情况。

俗话说"谣言难过七十五日",对于网络世界来说止于7.5小时也不为过。

另外,因为受到的是同类型的攻击,所以会有一种被成群人攻击了的错觉,而实际在推特上始终是一对一的形式。

在网络世界里,真的是难以摸清到底是谁,以怎样的意图留下的评论,搞得人心惶惶,其实说话的人并没有想象中那么情绪高涨，应该不会带有任何仇视的情感。

一看到自己的文章"被人口诛笔伐"了，就觉得全世界都在愤怒，其实这是一种错觉。

国际大学全球交流中心的山口真一讲师的演讲稿中有这样一段话。

在过去的时间里，只有1.1%的人发表推文，如果把时间缩短到一年，则只有0.5%（2014年，对约2万人进行了调查）。

奥运会会徽事件中约达到了0.4%（2016年，对约4万人进行了调查）。[2]

我曾经也有过几次大惊小怪的经历。

"完了完了完了……"起初是心惊肉跳、手足无措。后来，经历的多了，就没有把小风波当回事儿，"咦？这攻击的模式有些相似啊……"像这样变得淡定了很多。

假设不算太亲密的朋友突然大发雷霆的话，无论是谁都会感到惊慌失措。

反过来，你早已了解那个朋友的脾气暴躁，你大致有了预判，就会很自然地认为"嗯，他就是这样的一个人"，是吧？

虽然在推特上谁也看不见谁，很难读懂对方，但理论上都是一样的。

也就是说，每次都是同一群人在针对同类型的内容发怒。

这时，你只要无视，他们就会去找新的发泄对象。

◎ 误入歧途之前,先给自己定好规则

为了远离这种**"负面的欺凌"**和**"社交控"**,建议给自己定好规则。

我当时给自己定了这些规则。

①不在意"赞"和"转发"数量。
②只给我感兴趣的评论回复。
③不进行人身攻击。
④如果遇到价值观不一致的网友,毫不犹豫地设置禁言,或者直接屏蔽。

一旦迷上推特,往往会变得特别在意他人的看法,却忘记了自己的初心。

我一开始发推文是为了记录我的感想,以及分享我的经验。

有一段时间,因为过于在意他人的看法而陷入了迷茫中。后来,我给自己制定了一套刚才提到的规则后,发现自己变得越来越从容了。

最重要的是,推特真的是太好玩儿了。

没有比享受快乐更重要的事情了。

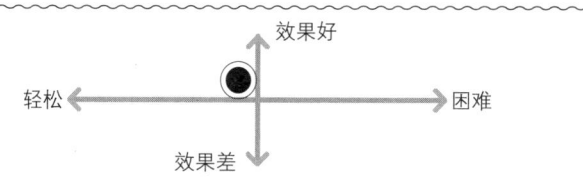

战胜抑郁

一张图表了解治愈抑郁的各种方法

不过于沉重的经验之谈

2

```
           效果好
             ↑
    轻松 ←———●———→ 困难
             ↓
           效果差
```

【效果】　　★★★☆☆
【难易度】　★★★☆☆
【推荐级别】★★☆☆☆

【优点】	【缺点】
能够认清自己，给自己定位	如果话题过于沉重，就容易陷入抑郁情绪

◎ 一定要注意不能让自己的情绪受影响

看到事物消极的一面就会使人情绪低落，这个道理不用说大家也都明白。

芥川奖作家金原瞳，她在回忆自己的抑郁症经历时，讲述了下面这一段话。

"《蛇信与舌环》这本书中也是这样写的。为了活下去而戴的耳环，刺的文身，却慢慢地都脱落了。痛苦得连死的力气都没有，结果陷入了充满诱惑的世界中变得越来越堕落，最终未能找回活着的感觉。"[3]

如果是经历过抑郁症的人，一定会对这段话产生共鸣。

我曾经也有过一段时间，明知那些现实很残酷，却不知为何还是被那些沉重的经历所吸引。

这也许是因为看到与自己境况一样的人，能让人感到安心吧。不过，正如金原瞳所讲的那样，如果持续这样，最终就可能会连生活的感觉都找不回来了。

看来人的内心一旦习惯了不幸的环境，就想要转身远离幸福的环境。

接触负面的事物能使人心情变得抑郁，这一点通过自己的经验就能知晓，但让人抑郁还有可能是因为我们对此深信不疑而引发的强烈副作用所导致的。

在医学界，存在着一种与安慰剂效应相反的"**反安慰剂效应**"。

我想大家都听说过凭借主观臆断产生药物效果的安慰剂效应。但对于反安慰剂效应，应该比较陌生。反安慰剂效应恰好与安慰剂效应相反，指的是即使服用的是没有任何药物成分的药，一想到自己吃药了就能引起副作用的效应。因此，在新药和疫苗的临床试验中，安慰剂效应和反安慰剂效应方面的研究工作一直是同时进行的。[4]

虽然这是医疗领域的话题，但在现实生活中也是非常适用的思维方式。

如今，明明生活在很幸福的环境中，却每天照着镜子对自己说："我是一个不幸的人，活着还有什么意义"，长此以往，真的会变成一个不幸的人。（千万不要这样做！）

人其实是很单纯的，很容易受到一直被灌输的思维方式的影响。

本来是一个特别英俊帅气的男孩子，如果经常被父母说"你长得太丑了"，那么这个男孩子就会对自己的长相感到自卑。

大家有没有类似的经历？

◎ 就算如此，以当事者角度编写的经验之谈还是非常重要的

经验之谈往往缺乏客观性，容易变成主观性强的文章。

但是，却也充满着只有经历过的人才会懂的经验。

虽然精神科医生和临床心理师都是医学方面的专家，但并不代表每个专家都有丰富的经验。

当然，医生可以从医学角度分析抑郁症患者本人觉察不到的部分，但如果是一位没有相关经验的医生的话，基本就和普通人没什么区别。

尤其是像"我是这么战胜抑郁的"这种经验之谈，只有经历过的人才能写得出来的。这看起来很理所当然，但是真的不能小看经验之谈。

相比"写的内容"，人们总是更看重"是谁写的"。

活在博客世界里的我，对此深有体会。

刚开始，我没有露面，上线也是用的匿名，后来改用我的真名，并且露面与网友互动。发现网友前后的评论方式截然不同了。

当然，我诚心诚意为读者发声的心是一成不变的，没想到改为"实名出镜"后，读者的评论质量明显提升了，这是我的真实感受。

我想很多人潜意识中还是很在意"是谁写的？"

例如，"日本经济或将面临衰退"这种话题，作为"患有抑郁症博主的我"和"经济学者"的发言，其说服力是完全不一样的。

也就是说，**正因为是"抑郁症患者写的文章"，才得以体现出内容的价值**。我认为网上应该再多一些抑郁症患者的经验帖。

很多人觉得自己没有可发布的经验或者是有价值的内容；有些人虽然有分享的意愿，但因缺乏自信，就一直没有付诸行动。

如果这么想就大错特错了。相反，**正因为对自己没有自信，所以才能写出打动缺乏自信的读者的内容。**

全球大富豪对着没有自信的抑郁症患者大喊："这个世界里，金钱并不是一切"，肯定引发不了热烈反响吧。

倒不如呼吁："没有自信的时候，要思考如何在这个世界上生存下去"，这种内容应该更具有价值。

唯一令人担忧的是，越是不自信的人越会制造出贬低自己的内容。前面提到了"反安慰剂效应"，需要注意的是它有可能会导致一连串的不幸事件。

◎ 毫不犹豫地屏蔽负面信息！

我讲过经验帖的重要性，但是在我们的生活中几乎没有非关注不可的信息。

最值得关注的是与生命息息相关的灾害信息和气象信息。

包括我写的这本书，即使你忽略了大部分内容，照样可以活下去，不会因为错过了一些内容而让你变得不幸（但是，还是希望大家坚持读到最后……）。

所以，**你可以屏蔽任何信息。**

我虽然天天上网，但是很少关注别人的动态。关注或不关注，最终的选择权在自己。

相反，因过度获取信息，让大脑患上代谢综合征才会成大问题。

我非常重视经验帖和当事者的自述，在浏览过程中，如果是让我情绪低落的负面消息，我会直接过滤掉。回头一想，**多亏懂得选择，头脑中才没有堆积垃圾，还加快了康复的速度。**

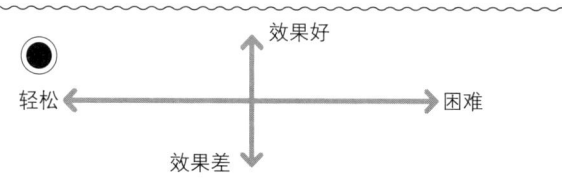

战胜抑郁

016 _ 一张图表了解治愈抑郁的各种方法

睡觉

3

效果好
轻松 ←——→ 困难
效果差

【效果】　　　★★★★☆
【难易度】　　★★★★★
【推荐级别】　★★★☆☆

【优点】
睡觉可以轻松地让你保持大脑的清醒

【缺点】
可能会打乱你的生活节奏

◎ 可以激活抑郁的大脑

抑郁症有很多种类型。有些抑郁症患者甚至可以出去旅行。

我并不觉得这样不好。**只要患者开心比什么都重要。**

然而，抑郁症有一个共通的症状。那就是"**反刍式思考**"。一想到消极的事情就停不下来，焦虑感越来越强……对，就是众所周知的那个魔鬼时间。

改善"反刍式思考"最有效的方法就是"睡觉"。 因为睡觉可以强制停止思考。

而且，除了"在合适的时间内难以入睡的可能性"以外，睡觉可以说是无副作用的"药物"。

据说，"一个人一天会思考7万次左右，其中有80%的人总会往消极的方面想"。

那我们为什么总是想不好的事情，且越想越消极呢？

我谈一谈我的观点。追溯到我们的祖先，他们的生活方式应该和现在生活在热带大草原上的动物没有太大区别。

他们的体能水平应该高于我们普通人，弱于格斗选手。凭这种水平，又生活在热带草原上，我认为"消极是必然的"。

我们的祖先在热带大草原上没有睡过一天安稳觉。因为他们要时刻注意听"沙沙"的风吹草动的声音，因为这"关乎他们的生命"！

如果肉食猛兽出现在眼前，那就是必死无疑。

原本是积极乐观的祖先们，恐怕都是被这些猛兽吞食而死亡了。存活下来的应该都是那些消极、警戒心超强的祖先，并繁衍子孙后代。

照这么说，"警戒消极精神"就应该是代代相传的。而如今的我们，除非运气特别差，否则不会发生睡觉时被偷袭的事情。只要关好门窗，还是可以安心入睡的。

然而，我们仍沉浸在过去的遗憾和对未来的恐惧当中。即使你知道这些都是多余的杂念。

因此，我得出的结论是，我们之所以消极，在某种意义上其实是没办法的事。这明明就是祖先的错嘛……

◎ 网上还有"睡觉逃避"的说法

"睡觉逃避"顾名思义就是靠睡觉逃避现实。作为逃避现实的做法，还有看动画片、漫画，但有时可能会因分神而看不进去。

因为含有逃避现实的意思，所以才有了"睡觉逃避"这个词。

还有一个我认为非常危险的是，有些人白天睡觉也想依赖安眠药。其中有些人是白天吃掉本是晚上吃的安眠药睡觉逃避的。睡觉可以忘掉不开心的事情，还可以消磨时间，我非常理解这种心情，但如果用药不当，后果真的不堪设想。

◎ 唯一的副作用是，因睡眠过度导致生活节奏严重紊乱

午睡不单纯是为了"逃避"。**午睡可以起到提高工作效率的作用。**但是，午睡时间过长会适得其反的。

如果午睡时间超过1个小时，晚上的睡眠就会变浅。如果下午3点以后睡午觉，到晚上就会没有睡意。最佳的午睡时间是在每天的下午3点以前，并且午睡时间控制在30分钟左右。如果午睡时间过长，就会引起失眠，给身体造成危害。而短时间的午睡可以帮助你提升专注力，同时也能达到提高身心健康水平的作用。[5]

在我还没有完全康复的那段时期，我的午睡时间远远超过了3个小时。这显然不是午间小睡，就是正常睡觉嘛。

就因为没有控制好午睡时间，导致一到晚上就睡不着，生活节奏彻底被打乱。

一到半夜3点就醒，然后玩游戏玩到早晨，自然而然地白天睡大觉的时候就变多了。

渐渐地，出现了体重增加、皮肤粗糙、焦躁、经常发呆等身体异常情况，过着毫无效率的每一天。最让我看不起的是"连睡觉都搞不明白的自己"。

我个人认为，睡眠节律紊乱造成的最严重的后果并不是身体上的不适，而是精神方面的影响。

睡眠不好一定会影响身体健康，这自然是不言而喻的，更重要的是，会使自己陷入深深的内疚与自责的状态。

不管怎样，**我明白了生活节奏一旦紊乱就会导致内心崩溃**，所以，直到现在我仍然在心里默默地发誓，绝对不能让睡眠这个防线垮掉。

第一章
效果好 轻松 _ 021

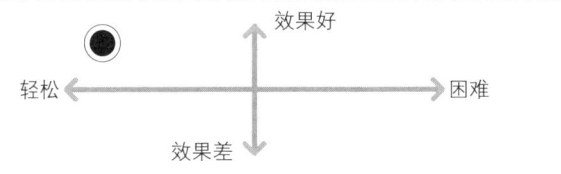

香草茶

4

效果好 ↑
轻松 ← ● → 困难
效果差 ↓

【效果】	★★★★★
【难易度】	★★★★☆
【推荐级别】	★★★★☆

【优点】
可以给自己创造放松的时间

【缺点】
烧水比较费时间

◎ 通过平衡自律神经，达到彻底改善的目的

患上抑郁症后，由于运动不足和生活节奏紊乱等原因，会导致自律神经失调。

例如，白天犯困，一到晚上就睡不着，这就是自律神经失调的症状。

自律神经有两种类型：一是交感神经，交感神经的作用是促进身心向活跃的方向发展；二是副交感神经，副交感神经的作用是将兴奋的身心调整到平稳的方向。

当交感神经和副交感神经保持在平衡状态时，身体处于最佳状态。[6]

我为了调节自律神经一直在喝香草茶，我觉得真的很有效果。

自从喝了香草茶后，**早上起床没有那么费劲了，晚上睡得也踏实多了。而且，也不会睡到一半就醒了**，对于当时的我来说，没有比一觉睡到天亮更开心的事情了。

这让我切身体会到了，原来能正常睡觉竟然是一件如此幸福的事情啊……

对于抑郁症患者来说，抗抑郁药是必要的，因为这属于对症疗法，所以只在症状严重时，才能起到作用。

其实，说很难感觉到效果，或许更加准确。

我之前在推特上发起过问卷调查，调查的内容是"你认

为只靠吃药能治好抑郁症吗?"有1500人参与了此次问卷调查,其中96%的人选择的是"不认为"。

以我的经验来说,"只靠"抗抑郁药是很难治好抑郁症的。抗抑郁药在前期的基础治疗上发挥着重要的作用,为我们打好了基础。

- 改善生存方式、思考方式。
- 改变生活节奏等。

后续就需要通过自己的努力战胜了。在这个时期,香草茶成为了我的精神支柱。

除了药物之外,我感觉香草茶的功效是最显著的,于是我在博客上给大家分享了香草茶,后来收到了很多读者的喜讯,都说"多亏喝了香草茶啊"。

让大家体验到了我自己喜欢的东西,还能收到读者的反馈和留言——这就是博主的乐趣所在。

◎ 实际上大多数人都是寒性体质

大家千万不要小看身体里的寒气。自从我得了抑郁症之后,就开始被寒性体质所困扰。貌似不只是我有这方面的困扰……

东京有明医疗大学的川嶋朗教授是冷寒症方面的专家，对"冷寒症和抑郁症"的关系他提出了自己的观点。

来找我看病的抑郁症患者中，大部分都属于"寒性体质"。"体寒"是引起抑郁症的诱因之一。虽然我的这种说法缺乏医学根据的说法，但这的确是凭我的经验切实领悟到的。[7]

抑郁症诊断本来就缺乏医学根据，所以真的很无奈……不过，一想到自己的冷寒症是在得了抑郁症之后患上的，无论如何都觉得这是有道理的了。

喝香草茶成了我的日常习惯后，我的冷寒症好多了，抑郁症状也减轻了很多，这实际上也证实了香草茶的功效。

"冷寒症不是女性常有的病吗？"如果你这么认为就得注意了。**男性也是寒性体质。**

日本男性对"冷寒"没有一点儿防备心。将冷寒症错误理解为是女性的专有病，对自己是不是寒性体质则毫不关心。

且不说年轻时肌肉发达，那些缺乏锻炼，还承受着很大的工作压力的男性，他们身体体寒的程度连他们自己都无法想象。

这种"寒气"会污染血液，降低身体代谢，会引发慢性病，甚至还会诱发严重的疾病，如癌症、糖尿病、脂肪肝、动脉硬化、高血压、胃炎、肝炎、肾炎等。[7]

这么一说……是不是就明白了呢？对，运动不足这一点也戳中了我的痛点……

得了抑郁症之后……连散步这种特别轻松的运动都会成为高强度运动。在家里的话，因精神疲惫，连下床的想法都没有。在这种状态下，运动量连普通人的十分之一都不到，可以说是严重的运动不足。

（我再重申一下，关于寒性体质与抑郁症之间的关系，其科学性目前还没有得到充分证明。）

◎ 可以放松心情

请试着想象一下"正在惬意地喝着茶的一个人"。你认为那杯茶是热的还是凉的呢？

可能大多数人认为那是热茶。

凉茶给人一种适合夏天一饮而尽的痛快印象。而热茶给人一种释怀的感觉。

正如想象的一样，**喝热的东西，可以让人平静下来。**

热茶与凉茶不同的是，喝热茶能感受到一股暖流在身体里流淌。

随着身体慢慢变暖，觉得心里也是暖暖的。

此外，**像香草茶一样带有香味的茶，可以使身心得到放松**，所以我觉得对于抑郁症患者来说是非常值得尝试的。

"啊……真香啊……这个香气我喜欢……"品着香气四溢的茶水，让你享受一下变成优雅的贵族般的感觉。

这不是在开玩笑，尽管是很短暂的时间，但我很珍惜这种**"不寻常的感觉"**。

如今，已成为轻松联网的时代，与此同时，"独处的时间"变成了一种奢侈。

"我是蛰居族，所以一直拥有属于自己的时间"，即使是这样的人，也会用手机和计算机接触各种各样的信息。

正因为如此，需要给自己创造一个专门喝香草茶的时间——**专注于"当下"属于一种正念，所以它具有很强的缓解压力的作用**。

也可以说这是一种逃避现实的行为。至少喝香草茶的时候，不用纠结过去的遗憾和对未来的焦虑。

◎ 可以开启"睡眠开关"

对于睡眠不好的人，我建议用**"做完这个就去睡觉"**的心理暗示引导自己。

对我而言，"这个"就是指香草茶。

我给自己的心理暗示就是**"喝完香草茶就去刷牙，然后就进被窝好好睡一觉"**，就这样自然而然地产生了睡意。

①喝香草茶。
②刷牙。
③睡前准备。
④睡觉。

香草茶不仅具有调节副交感神经的效果，我认为它在**"开启睡眠开关"这件事情上也发挥了很大的作用**。

无论好坏，人类就是被习惯所束缚的生物。对于这一点，经历过抑郁症的人应该能够体会到"陷入不幸的消极螺旋习惯中"的那种感受吧。

在某种意义上失眠也算是一种习惯。我们要把坏习惯改变成好习惯。

那么，**养成好习惯的诀窍就是，要以"就做一次，今天做完就不做了"的心态去做**。

即使不想做，也要对自己说就做一次，今天做完就不做了。

明天的事情明天再说。

到了明天，同样再对自己说就今天做一次就不做了。

周而复始，就会对"就做一次，今天做完就不做了"没有任何抵抗了。

当你意识到的时候，你发现自己已经坚持了很长时间……这就是习惯。

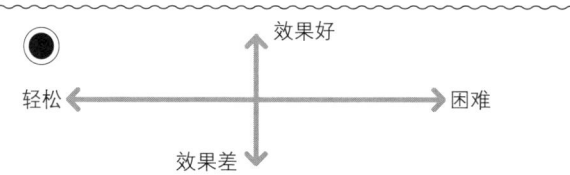

战胜抑郁

一张图表了解治愈抑郁的各种方法

爱犬

5

效果好 ← 轻松 → 困难 ← 效果差

【效果】　　★★★★★
【难易度】　★★★★☆
【推荐级别】★★★★★

【优点】
它和人不一样，不会背叛你

【缺点】
很大概率上，它会比你先走一步……

◎ 与爱犬在一起时，会释放幸福荷尔蒙

2013年，英国有一篇研究报告称"一位高血压患者与小狗一起生活后，血压降低了"，最近，还有很多人反馈，通过与小狗接触，会分泌出能够减轻压力的催产素，俗称"幸福荷尔蒙"。[8]

我觉得除了不太喜欢小狗的人群之外，都会认为这是非常有效的做法。

当你去宠物店时，不仅会遇到可爱的小孩子，甚至还能遇到彪悍的男士，他们在看宠物时不由自主地露出萌萌的表情且不停地赞叹着。

"要是平时，他们肯定不会发出这种怪动静，但是太理解这种心情啦！"像这样的独自思索，也算是我不同寻常的享乐吧。

当然，小狗以外的动物也可以，只要是自己喜欢的都是可以的。

这只是我自己的看法，我认为照顾小动物这个行为对治疗抑郁症是很有效果的。

一旦得了抑郁症，无论是工作还是娱乐都是非常困难的，甚至还会自责"我是不是不应该活在这世上？"

在宠物店售卖的小动物，基本不具备野外生存能力。如果没有人类养，它们就无法生存。

即使主人得了抑郁症，对于那个宠物来说，人类依然是帮助它继续活下去的人。也就是它的救命恩人。

宠物让人类肩负起了责任感，这正是宠物生存的意义。如果感觉负担过重，反而会给身体造成不良影响。

如果与家人一起同住，可以请求家人帮着分担一些，所以，在条件允许的情况下，还是建议大家尝试一下。

◎ 只有宠物才能回报你100%的爱

我虽然不是一个悲观主义者，但我深知，人是会背叛感情的。

使用"背叛"这个词，很容易让人联想到激烈的场面，其实在我们的日常生活中，经常上演着背叛与被背叛的事件。有时候会受伤，有时候也能幸免。

那么，人为什么会背叛别人呢。这是因为他们只考虑自己。

相比宠物，人类是一个复杂的生命体……每个人生存的目的千差万别。就连一家人，他们的目标及方向都是各不相同的。

那么，动物又是怎样的呢？

- 想被主人宠着。
- 想让主人给自己喂食。
- 想和主人玩儿。

宠物的需求就这么简单。我们人类是有智慧的，所以，我们有时会想象"宠物就这点追求，它们会快乐吗……"实际上宠物们就这点生活乐趣。

或许它们没有人类的高智商，因此只能理解低级的欲望。

虽然说得有些冷酷，但是我认为这其实也是一种幸福。

现代人的心理变得扭曲，其原因也许是因为生活富裕了、选择的机会越来越多了。

有些时候，真的很羡慕不用面对太多选择的宠物。

宠物的智商低于人类，它们不必在意他人的脸色，对于人类给予的事物，它们每次都是显得那么开心。

是它们那纯洁的心灵，净化了我那肮脏的心。

"饭准备好了，快来吃吧"，当你叫它过来吃饭时，它就会满脸欢喜地来到你的身边望着你。

而已养成一日三餐习惯的人类，一脸严肃地，一边看着电视一边吃饭。

如果你是那个做饭的人，你有何感想，应该不用我多说了吧。

◎ 它比谁都了解主人的精神状态

在大多数人的印象里，抑郁症患者整天都是昏昏欲睡的状态，实际上并不是这样的。他们的确有什么都做不了的时候，但也有略有活力的时候。

但是，那个"落差"，是非抑郁症人群难以发现的特别小的范围。家人和周围的人，一看到你清醒一点就会没完没了地纠缠着你，恨不得将之前落下的时间都补回来。殊不知，短暂的清醒之后还会继续陷入昏沉的状态中……

宠物会时常关注主人的动态。**它能敏锐地嗅出变化，它觉得主人没心情睬它时，自然会与主人保持一定的距离。**

当你想起它时，一直在你身边的它却不见踪影。

当你担心地去找它时，它非常高兴地摇着尾巴迎接你，且不会忘记观察你的状态。

它那可爱的模样，简直太治愈心灵了。

我知道它非常需要我，同时它也清楚千万不能给我惹麻烦——没想到它会这么懂事。

第一章 效果好 轻松 _ 033

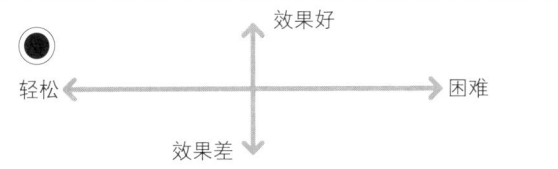

看YouTube

6

轻松 ← → 困难
效果好 ↑ ↓ 效果差

【效果】	★★★★☆
【难易度】	★★★★☆
【推荐级别】	★★★★★

【优点】
用智能手机随时随地都可以看

【缺点】
内容质量较低，容易厌倦

◎ 在心理健康影响力的调查中，发现了社交网络上唯一能带来积极影响的结果

被评为对年轻人心理健康最具影响力的是YouTube。YouTube对于缓解焦虑、忧郁、孤独感等方面获得了高度评价，与此同时，也带来了很糟糕的负面影响，那就是具有引起睡眠不足的不良影响。[9]

与推特、脸书、照片墙相比，**使用YouTube基本不会与他人扯上关系**。只是单纯的发布者与视听者之间的关系，而社群元素只存在于评论区。

然而，评论区杂乱无序，用手机浏览时，如果不下滑到最下方，很难看到有意义的评论。**所以，不会有意外收获**。

我认为看YouTube和积极向上的结果是紧密相连的。

看到网友在社交网络上晒的"炫耀"信息后就开始闷闷不乐，这种情绪会自然而然地沉积下来。

另外，我觉得YouTube上的视频都是比较天然的。相比于脸书和晒靓照的照片墙低调得多，且富有真实感。当然，也不能排除有些是煞费苦心硬生生演出来的。

我看YouTube，就像在看朋友的家庭录像，即使在抑郁的状态下观看，也不会觉得难受。我呆呆地盯着屏幕，不知不觉中发现自己笑了。

◎ 推荐的YouTube

・HIKAKIN

"Bun Bun Hello YouTube",这是视频的开场白。这个人性情豪放直爽,处于敏感期的人群也可以关注他。

平时不怎么看YouTube的人大概也都认识他。因为他经常上电视,可以说是日本最有名的YouTube博主吧。

他承诺不会发布具有负面效应的视频,不管内容好坏,发布的视频内容算是比较稳定的。

虽然在细节方面会做一些调整,但像"海螺小姐"一样,每集都是相同的套路,所以,可以放心地观看。

・兄者弟者

他们从来没露过面。他们的亮点是拥有迷人的低音和享受打游戏时愉悦的样子。

他们讲话比较文明,这一点也请大家放心。

看着他们打游戏,就有一种和好朋友一起打游戏的感觉,特别踏实。虽然说是实况转播,但也不是流水账,他们在剪辑上很用心,一个视频大概只有30分钟,所以不会感觉很疲劳。

不过,他们很多时候是直播FPS(First-person shooter)系列的游戏,游戏中会出现奇形怪状的画面。所以,对于不太喜欢看这种类型视频的人来说是不太适合的。视频中若出现怪异的画面，会在视频的开头给出提醒，这一点做得还是比较人性化的。

此外，他们在YouTube上有广播节目，这个节目也很值得关注。那个天籁低音，真的是太治愈了。

· SUSHI RAMEN（寿司拉面）RIKU

他把高中三年的时间都奉献给了YouTube。凭借刚刚成为大学生的势头，把"傻事"干得彻彻底底（褒义）。

不同于其他YouTube，他做**"傻事"的品质是很高的**。下面给大家列举几个比较典型的视频。

· 将加热到1500℃的盐撒在西瓜上面会发生什么？
· 我用炸弹炸过大虾。
· 我试了一下被50万伏的雷击中的感觉。
· 用大量的塑料瓶自制的火箭发射升空。

他的每个视频都需要很长的准备时间和巨额资金。

看这个标题是不是觉得很搞笑，有没有吸引到你呢？

我是一边写一边偷笑。想起来就想笑的那种。

有种"暑假自由研究·超级放大版"的感觉。其愚蠢程度和超乎想象的结果总是让我大吃一惊。

当我捧腹大笑之后，阴郁的心情就会被一扫而空，所以当我情绪低落的时候就看这个视频。

"'寿司拉面'是不是和美食有关呢？"很多网友会联

想到美食，其实跟美食毫不相干啊……

◎ 在逃避现实的做法中，看YouTube最切合实际，这就是其优势

动画片和漫画有着过于不切合实际的特征之外，还有与视频内容接触时间过长的缺陷。

YouTube比较切合实际，看视频的时间相对较短。 30分钟的视频算是长的，一般10~15分钟的视频居多。

这种视频，对于抑郁症的我来说特别有效。

虽然也有不太现实的部分，但也不算过于离谱，可以轻松地穿梭于不同的世界，我觉得这种感觉也挺好的。

在虚幻的世界并没有那么痛苦，反而是快乐的。但将自己拉回现实的行为，却是极其痛苦的……

因为那是在治愈和伤害中往复徘徊，最终还是归于零的状态……不，倒不如说是被拉到现实的打击过于巨大，导致了负面效果。

无论怎样，我个人认为YouTube上的视频具有调节神经平衡的作用。至今，我仍然每天都在观看。

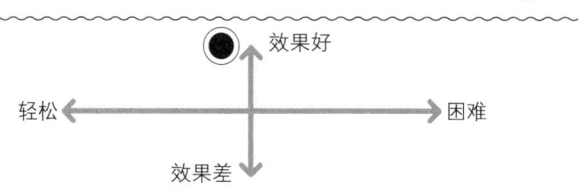

战胜抑郁

038 _ 一张图表了解治愈抑郁的各种方法

沉浸在兴趣爱好中

7

效果好 ●
轻松 ←——→ 困难
效果差

【效果】　　★★★★★
【难易度】　★★☆☆☆
【推荐级别】★★★★★

【优点】
有利于产生积极的想法

【缺点】
根据兴趣爱好的不同，需要花费成本

◎ 重度抑郁时，对自己的兴趣爱好感到厌烦是正常的

在谈兴趣爱好之前，我稍微谈几点注意事项。

重度抑郁时，别提兴趣爱好了，连吃饭、洗澡的力气都没有。

做什么都做不好。就好比没有汽油的汽车，如果不启动发动机，无论怎么踩油门都是前进不了的。

所以，请不要认为"**如果我不沉浸在兴趣爱好中，我的病就好不了了……**"而自责。

除了兴趣爱好以外的也可以这样说，不要因为自己做不到而责怪自己。

重度抑郁时期，最好的办法就是吃药、休息。

沉浸在兴趣爱好中。

我当时也并非能够一直沉醉于自己的兴趣当中，有时一点动力都没有，甚至有时不知为什么还有点厌恶。

例如，下雨或者气压骤降的天气，身体就特别不舒服，这时候我就会选择睡觉。

状态不好的时候，不要强迫自己做某些事情，即使做了心情也不会变得愉悦，有一个好心情比什么都重要。

这时候，你应该最想"休息"，所以一定要顺从自己的身体诉求。

我想很多人的兴趣爱好就是"睡觉"。窝在暖暖的被窝里多舒服啊……

◎ 有一部分抑郁症患者依然可以沉浸在美好的兴趣爱好中

近日，有一种叫"新型抑郁症"的新类型的抑郁症引起了人们的热议。

新型抑郁症的特点是，在上班期间，身体状态特别不好，没有一点工作热情，但是一回到家马上就精神起来了，还可以找自己喜欢的事去做。[10]

"新型抑郁症"虽然是一个网络用语，属于"非典型抑郁症"，是与以往的抑郁症不同的类型，这种抑郁症在年轻人中比较常见。

虽然我没有正式地被医生诊断为这种类型的抑郁症，但是我感觉我的症状与这种类型非常相似。

有一部分抑郁症患者，"即使处于抑郁状态，仍可以做自己喜欢的事情"，还有一部分患者是连以前喜欢的事情都觉得乏味无趣。

"得了抑郁症后，干什么都感受不到快乐，那些玩得特别嗨的人肯定是在装病！"如果遇到这样调侃的人，千万不要放在心上。

本来,你就不确定自己到底是不是得了抑郁症。**有可能已经处于恢复阶段或者是症状有所缓解了呢,你的斗志和能量正在恢复过程中**。

◎ 我的兴趣爱好是读书和发博客

我基本上每天都会看书(关于读书的好处会在第二章详细说明)。

除了喜欢读书,我还喜欢写作。如果仅是单纯阅读的话,自己既可以充当A也可以充当B,然后自己想说什么就说什么,所以需要一位像主持人一样的角色。

构思故事情节时,脑子里最多只能装下两个人物,如果超过两个就会出现混乱。所以先把想到的情节写下来,第三个人物就不能在脑内构思而是要在脑外塑造了,这时就要用博客了。

博客是向全世界公开的,换句话说就是相当于公开A和B的备忘录。既然向大家公开,就想以最通俗易懂的方式去表达,因此,提交之前你需要再次绞尽脑汁地去思考一番。

对于普通人来说,这个工作简直太麻烦了。但对于抑郁症患者来说是特别愉快的工作。

刚开始可能没多少人看你的博客，如果你坚持写下去，看的人会越来越多。即便写的都是自己的日常感受，喜欢看你博客的读者也会逐渐增多。

得了抑郁症之后，很多患者会胡思乱想"社会不需要像我这样的人"，通过博客上读者的鼓励和安慰后，大部分患者会重新振作起来，**"原来我对社会是有用的！"**，就这样他们重获了自信。

而我自己也通过接触别人的思想和想法改变了我的生活方式。如果通过我的力量能帮助别人向积极的方向改变，我觉得没有比这更开心的事了。

一想到自己的兴趣爱好可以让某些人放松心情，就越发停不下来了。

第一章
效果好 轻松 _ 043

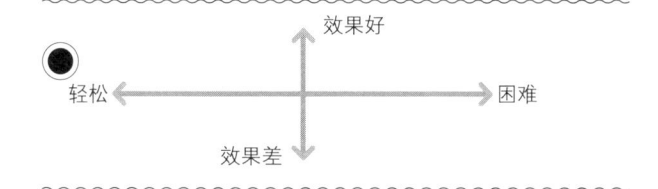

深呼吸

8

效果好
轻松 ← → 困难
效果差

【效果】	★★★☆☆
【难易度】	★★★★★
【推荐级别】	★★★☆☆

【优点】
不分场合、时间，可以随时进行

【缺点】
容易忘掉

◎ 消极的人的呼吸是浅的吗？

人在紧张或是感到恐惧时，呼吸就会变得微弱。你试着想象一下你站在众多人面前演讲的场景。

是不是感觉到心跳加速了呢？

大脑中的杏仁核是恐惧和不安等消极情绪的中枢。当杏仁核感受到威胁时，它会采取回避行动来保护生命。下丘脑是自律神经的中枢。当你感觉到不安或压力过大时，呼吸会变得急促，心跳加速，这是因为下丘脑收到杏仁核等发出的信号后兴奋起来的原因。[11]

当你因为消极思考满是负面情绪时，呼吸通常会变得很浅。

专家指出，如果人的呼吸变浅，那么身体会出现各种不适。

文京学院大学的柿崎藤泰副教授是呼吸康复领域的专家。他的工作就是给因疾病无法正常呼吸的病人传授深呼吸的方法。他透露道："最近发现很多正常人的呼吸也是浅的。"

这是"呼吸能力"变弱的表现吗？

"是的。如果呼吸变浅，身体会出现不适。相反，如果呼吸变深，不适的症状会自然消失，这种情况很常见"。[12]

因为呼吸是人体最基本的生理活动，所以很多时候都意识不到呼吸的深与浅。

◎ 用鼻吸气的腹式呼吸法

我上高中时上过声乐课。难得的是,学校来了一位音乐老师,并成立了二课活动小组。

我特别喜欢唱歌,但是却五音不全,为了提升我的唱歌能力,就决定加入了二课活动小组。

完全没有唱歌天赋的我,经过刻苦练习,在2年的时间里达到了一般人的唱歌水平。现在回忆起来,虽然老师的教学水平非常高,但是当时的二课是以"快乐第一"为宗旨的,并不是为想要成为歌手的人和真心希望提升唱歌水平的人开设的学习平台,所以这可能是自己没有大的进步的原因吧。

……像这样,我把原因归咎于环境,但我的同学唱歌水平真的有了很大的进步,所以这纯粹是给自己找借口而已。

言归正传,当时,我上声乐课时,学会了"腹式呼吸法"。

目的是用腹部发声,这个呼吸法至今还很有用。但不是用在唱歌上,而是用在放松上。

用鼻子深深地吸气后,你会发现下腹会鼓起。之后,**再用嘴呼出去,这样,郁闷的心情会变得轻松很多**。

吸气呼气时,感受一下自己在吸入新鲜空气,呼出郁闷的消极空气,这样会让你的呼吸效果更好。

"我为什么就是做不好腹式呼吸呢……"如果你觉得总是学不好,那你**可以先从仰卧的姿势练起**。我刚开始也是躺着练的。仰卧后，你什么都不要想，自然呼吸，你会发现你的腹部会自然地隆起。你一定要记住这个动作。

当你习惯了之后，无论什么姿势都能够做到腹式呼吸了。

◎ 受到外界压力时，也推荐用腹式呼吸法

因工作关系外出时，有时会坐地铁。即使地铁上没有那么拥挤，但还是不适应人多的环境，直到现在还有不适感。

我与人群的关系，好比水和油的关系，毫不相容。

- 双腿张开坐着。
- 看着特别邋遢。
- 发型怪异。
- 穿搭风格比较另类。

只要你睁着眼，好多你看不惯的。所以，**这些外界压力会让你越来越浮躁**。

据说"90%的人都是通过视觉获取信息的"。也就是说，**让你感到浮躁的事物，只要闭眼就可以屏蔽掉**。

所以，我常常会闭着眼睛，听着自己喜欢的音乐，用腹

式呼吸法治愈自己。

偶尔会遇到这样的人。明显能看出来是醒着的，但是闭着眼睛做着深呼吸。或许，这个人和我一样，想通过深呼吸缓解来自外界的压力。

据调查报告显示，"高峰期坐地铁的人承受的心理压力要比坐在战斗机上的飞行员的心理压力还要大"。

另外，根据新公布的调查结果显示，赶上晚高峰下班的人的精神压力大得惊人，完全超乎人的想象。

调查这项研究的心理学家David Lewis，用125个上班族的心率、血压和训练中的飞行员及警察的心率、血压作了比较。

其结果表明，上班族的焦虑因缺乏对所处状况的控制能力而加剧。

"机动人员和战斗机的飞行员具备遇到突发情况时缓解压力和随机应变的能力。而每天坐地铁上下班的上班族们却没有这方面的能力。这就是两者的区别"。（Lewis）[13]

我一般会避开早晚高峰出行，因为我知道利用公共交通出行的方式，会给我带来巨大的精神压力。

战胜抑郁

048 — 一张图表了解治愈抑郁的各种方法

控制甜食

9

轻松 ←————●————→ 困难
         效果好 ↑
         效果差 ↓

【效果】　　　★★★☆☆
【难易度】　　★★★★☆
【推荐级别】　★★★☆☆

【优点】
有气无力的症状会有所缓解，会变瘦

【缺点】
容易浮躁

◎ 自从得了抑郁症之后，特别嗜好甜食

我之前喜欢吃偏辣的食物……自从得了抑郁症之后，我发现我变成了一个甜食控。

例如，以前吃比萨都是蘸着塔巴斯科辣酱吃的，后来又喜欢上了豆沙馅的甜甜圈、鲜奶油面包这样的甜食。甚至达到了能与女生们一起来个烤薄饼约会程度的甜食控了。

即使这样，胃灼热的老毛病丝毫没有改善，说明并不是我的体制改变而变得喜欢吃甜食的。

我分析我的身体需要的是不是"甜食中所含的某种东西"。

◎ 摄取甜食，会有等同于服用抗抑郁药物的效果吗

我在一个叫"前田诊所"的网站上看到过关于抑郁症与甜食关系的文章。

有一种理论认为，糖分具有缓解抑郁症状的功效，分泌胰岛素后，脑内的血清素会增加，这样一来和服用抗抑郁药有同等的效果。其中，巧克力可作用于脑内的神经递质，可以让人的心情变好。虽然如此，吃甜食使人心情变好只是满

足一时的快感，如果过量食用就会导致肥胖。[14]

完全是感同身受啊……我之前吃得最多的甜食也是巧克力。不排除我是受喜欢吃巧克力的妈妈的影响，我们家一直囤着好多巧克力。

时不时，就会发现桌子上都是巧克力的包装皮，这个巧克力啊，真是个可怕的东西……

就是这个巧克力无声息地融入了我无意识的行动中。

◎ 心情变轻松的同时又因肥胖导致意志消沉

吃巧克力可以帮助你获得一时的快乐，但是别忘了它会让你长胖。

我在抑郁症急性期的时候，体重降到了55千克。而目前的体重已超过70千克……现实太残酷了，自从体重超过70千克之后，就没上过秤。是的，我就是在逃避现实。

我现在的体型简直就是莱札谱（RIZAP）的反面教材。虽然写得像是在开玩笑，但对我来说却是一个非常严肃的问题……

患抑郁症之前的衣服已经穿不进去了，即使穿上了也是紧绷绷的，变形的体型，已经惨不忍睹。

我比较喜欢新鲜事物，还试过能够量身的叫"ZOZO

SUIT"的App。做一次全身测量之后，会给你推荐适合你身材的服装，用起来特别方便。

我的时尚感和品位差得可怜，但我的要求也不高，只要整洁得体就可以了。以我的身体状况，逛商场购物、试穿，那真是难如登天。所以，这款App就可以帮助我解决这方面的困扰。

但是，因为是用3D模型展示全身，所以身材缺陷就会暴露无遗……

"啊啊啊……这简直就是油腻大叔的身材啊……"真不想接受这个现实。

◎ 因为不想暴露自己丑陋的一面，只能把自己关在屋子里

无论是抑郁症患者还是其他人，一直闭门不出肯定会损坏身体。**多出去晒晒太阳是非常必要且重要的事情。**

经常去看精神科医生的人应该清楚，精神科医生每次都会叮嘱"一定要有意识地多晒晒太阳"。

整天懒洋洋地待在家里不知道该干什么，这样不长肉才怪呢。你还会很不自觉地把手伸向巧克力。

一旦养成了吃甜食的习惯，不但会让你变胖，还会间接

地导致你出门困难，发展到这种程度就不好办了。

当然，运动不足会使抑郁症越来越严重。即使没有直接关系，但是久而久之会出现颈椎和肩部不适的症状，照这样下去，谁都会变得抑郁。

因为我们的心理承受力非常弱，所以对这种症状是非常**敏感的**。

第二章

效果好　难度高

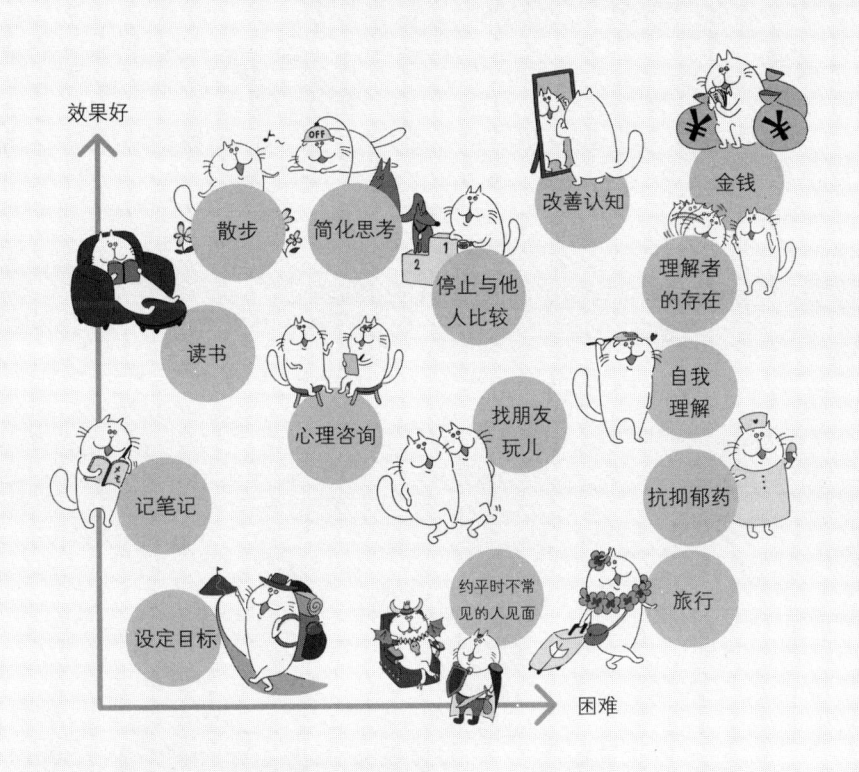

效果好 ↑

- 散步
- 简化思考
- 改善认知
- 金钱
- 停止与他人比较
- 理解者的存在
- 读书
- 自我理解
- 心理咨询
- 找朋友玩儿
- 抗抑郁药
- 记笔记
- 约平时不常见的人见面
- 旅行
- 设定目标

→ 困难

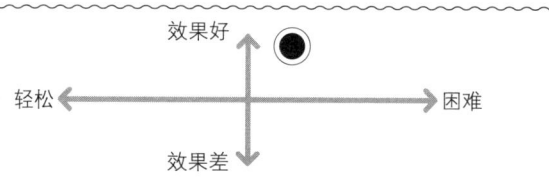

战胜抑郁

054 _ 一张图表了解治愈抑郁的各种方法

读书

10

效果好 ●
轻松 ←——→ 困难
效果差

【效果】	★★★★☆
【难易度】	★★☆☆☆
【推荐级别】	★★★★★

【优点】
解压效果好

【缺点】
看小说容易陷进去

◎ 读书是沟通的一部分

我读的书比较杂，不管是什么类型的书我都会去读。例如，**商业类书籍或自传类的书籍，你只要花千百日元就能了解到作者的人生**，我认为没有比这个更有价值的了。

我投稿的理念中，有一条是——"传递能够让人活得轻松自在的信息"。"活得轻松自在"是由许多价值观、思维方式和经验孕育出来的。

多出去走一走，多和人打交道的好处是不言而喻的，但是对于抑郁症患者来说，无论从体力还是精力，都比正常人差一些，所以频繁外出是不现实的。

"想在家里就能积累人生经验，应该怎么做呢？"我左思右想，终于想起了读书。芥川奖得主田中慎弥作家曾说过这样的话。

读书不仅会给你带来无限的可能性，还能丰富你的人生阅历。

它能打动你一直被束缚、固执的思考方式和价值观，并为你开拓未来提供线索。换句话说就是置身于停止思考的对立面，所以，是不是可以称为是一种希望呢？[15]

我们都觉得"我有这方面的烦恼=就找能够解决这方面

烦恼的书去读"是一个不错的读书方法,但其实不然,这也正是读书的有趣之处。因为可能在你读一本与此完全不相干的书时,突然发觉**"对,就是这个……"**

例如,当你读《人类》这本小说时,会瞬时闪出一个片段。故事从外星人劫持数学教授安德鲁开始。外星人的目的是去暗杀那些宣扬数学黎曼猜想的人,以及知道黎曼猜想的人。外星人虽然顺利地完成了劫持任务,但在与人类接触的过程中,他们感受到了人类的亲切和温暖,就这样,外星人渐渐地对人类产生了好感。

有一个片段是,还没有完全习惯地球生活的外星人,思考关于"疯狂"的场景。

在地球上关于"疯狂"的定义比较模糊,认为缺乏一贯性。在某个时代是属于很正常的事情,到了其他的时代被认为是不正常的。很久以前,人类是光着身子生活的。如今,以潮湿的热带雨林为中心的地区,仍有光着身子生活的人。所以,我们得出这样的结论,所谓"疯狂",有时是时代的问题,有时是地区差异的问题。[16]

如果你试着探寻大部分人的压力的根源,你会发现都是被"我必须做"逼的。

- 我必须做一个好人。
- 我不能给别人添麻烦。
- 我必须要不断成长。

·我必须要多挣钱。

这些都是《人类》这本书中提到的时代的问题。同样也是地区差异的问题。"好人""成长""钱"的定义也都是地区差异的问题。

这样一想，就知道我们是如何束缚自己生活的。当然，如果一下子释放出一切，可能会被认定为"疯狂"，但你可能被很多没必要的东西束缚住了。

我特别享受左思右想的过程，特别想找一个人继续深入探讨，但是身边人的回应往往是"我从来没想过这个问题""真麻烦"。

能和我深入讨论的，似乎只有书籍和心理咨询师了……将来我会继续与书为友，与书沟通下去。

◎ 读书有助于排解压力

研究表明，**读书有助于排解压力**。

英国萨塞克斯郡的一所大学，根据心跳数，分别对读书、听音乐、喝咖啡、玩电子游戏、散步等缓解压力的效果进行了验证，据验证结果得知，缓解压力的效果数据分别为：读书68%、听音乐61%、喝咖啡54%、玩电子游戏

21%、散步42%。研究结果还显示，找一个安静的环境读书，只需阅读6分钟就可以排解60%以上的压力。[17]

好也罢，坏也罢……当你读书的时候，你可以沉浸在这个世界里。在与他人讨论时，经常能遇到容易冲动、感情用事的人，所以我不喜欢与人讨论过于深入的话题。但这不代表我讨厌讨论，其实我特别喜欢找人探讨。

我觉得与作者聊天的时候是最幸福的时刻。毕竟他们是知识的巨人，甚至还可以跨越时空和历史上的大人物进行对话。

我是一个二十多岁的青年，无论是经验还是知识量都不占优势，但是，在读书时"他接下来会不会这么讲"的猜想被否定时，内心产生的懊恼和获得新知识的喜悦是任何东西都无法替代的。

"真羡慕那些喜欢读书的人。我对文字根本不感兴趣啊……"你是否这样想过呢？

我大学毕业后，找工作特别不顺利，所以就决定找一个专修学校继续学习，阅读就是从此开始的。

考上专修学校那一年，我22岁。我们班的同学大多是18岁。"我能否与同学相处融洽？大家会怎么看我？"当我惴惴不安时，我在书店邂逅了一本改变我命运的书。

这本书就是拉尔夫·沃尔多·爱默生的《自我信赖》。开头有一句非常经典的话，我印象非常深刻。

要坚信自己的思想、自己认为的真理一定适用于他人——这就是所谓的天才。[18]

怎么样？是不是觉得很任性？我当时也觉得怎么能这么自信。然而，在阅读的过程中，我开始意识到，"任性"只是表面上的东西。

我刚开始认为"读书又能如何呢？没有任何意义。经验才是王道"，后来我又想，书中的世界可能要比我想象的了不起得多，或许可以帮助自己解决烦恼，就这样我开始迷上了读书。

即使你对书不感兴趣，但当你遇到一本对你的人生产生深远影响的书时，你的价值观就会发生变化。

不久后，还会萌生"想再次体会那个感动时刻"的想法，于是到处寻找能给你带来幸福的书。这会成为你莫大的快乐。

◎ 应不应该读与自己病情相关的书籍

患上精神疾病的患者，想了解自己病情的心情是很迫切的。在我开始写博客以来，为了避开违背医学的不正确言论，我开始阅读大量的书籍来丰富医学方面的知识，我认为**作为一名患者，必须掌握最基本的医学常识**。我建议找一些插图版的，能轻松把握内容的，并且是由医学专家亲笔撰写的书，不需要读太多，只要读1~3本就够了。

在医学界，对抑郁症还有很多未确定的因素，连医学专家的意见都不统一，有时还会完全相反。所以，有时自己还会纠结究竟应该听谁的，纠结来纠结去，最终还把自己的身体搞垮了。至于那些无所谓的事情，不知道也罢，这么想会轻松很多。

举个例子，同样是精神科医生，有的医生会推荐你吃药，而有的医生却反对吃药。医生的建议看似各有各的道理，但是就是不知道该怎么办。

我特别想提醒大家，无论怎样，你必须听取你的主治医生的意见，而素不相识的书中的精神科医生提出的建议只能作为参考。

通过网络搜集信息时也是如此，切勿囫囵吞枣、盲目听从。仅作为参考还是可以的。

◎ 一定要小心故事性强的小说

那些小说家都是专业写文章的，吸引读者的能力超级强。无论内容的好坏，很容易使人陷进去，所以我们一定要提高警惕。

我在写动画片、漫画、游戏的章节里也会提到，**一旦陷**

入了奇特的世界观，想重新回到现实，就没那么容易了。

正如在前面提到的，作家金原瞳说的一句话："由于心动而陷得太深，结果连活着的感觉都找不回来了。"真的会变成这个样子，所以大家一定要注意。

"与其活在现实世界里，还不如一直活在动画片的世界里。"

我并不是一个动漫迷，之所以会这么想，可能是因为被黑暗的内容吸引而失去了生存的感觉的缘故吧。

只要告诉自己不能看灰暗的故事，那么你会慢慢找回现实的感觉。当然，这并不是一件轻松的事情，所以，建议大家还是趁早丢掉想看的念头。

战胜抑郁

062 — 一张图表了解治愈抑郁的各种方法

记笔记

11

效果好 ↑
轻松 ←――――●――――→ 困难
↓ 效果差

【效果】	★★★☆☆
【难易度】	★★★☆☆
【推荐级别】	★★★☆☆

【优点】
能够客观地评价自己

【缺点】
麻烦

◎ 很多精神科医生都会建议患者"请养成记笔记的习惯"

到目前为止，一共有3位精神科医生给我看过病，这3位医生给我提了同样的建议，那就是"写日记"。

我心想整天到晚就在家憋着，有什么可写的……但是，现在我终于明白医生的意图了。

得了抑郁症之后，人会变得消极，视野会变窄，甚至找不到自己的存在感。

"痛苦、好痛苦啊……"每次都是主观感受在作怪，有一种被拖入漆黑一片的地方的感觉。总之，充满着负面情绪，无法客观地看待自己。

"有烦心事就写下来"，这也是大家耳熟能详的建议。

能写出来的人，基本都是**可以客观地看待自己的人**。

与自己保持一定的距离，并冷静地审视自己的情绪，能意识到这一点就已经很不容易了。在抑郁的状态下，又被黑暗的环境纠缠，简直就是雪上加霜。

但是，如果你把它写在一张纸上，或者是记录到手机里，至少能摆脱一些不爽的感觉。

另外，如果考虑到自己将来还会回过头来看一眼，自然就会写成给别人说明的形式了。未来的自己，在某种意义上可以说是别人。

我想大家都有过痛苦的经历，也能很清楚地记得当时的情感和具体发生的事情。那么，你能想起来那天发生的"有趣的事情"和"新闻"吗？

是不是很难想起来。我们只会把对自己印象最深刻的东西输入记忆中。相比积极的事件，消极的事件会给人留下更深刻的印象，更容易深深地印在脑海里。

◎ 写日记可以让你变成积极思考的人

开始写日记时，可能写的都是一些消极的事情，但是不用太在意。**你吐露的心声中肯定隐藏着某种含义**，这时你如果过于担心"这么写行不行呢？"那就什么也写不出来了。

至于写多少你也不必太纠结。**重要的是你写日记了。**

在写日记这件事上，我只提一个要求，**请你试着写一篇积极向上的励志日记，一篇就够**。不要有任何心理负担，也不要把写日记这件事情想得太复杂了。

例如：

· 今天的午饭有肉！那肉太香了！

· 在YouTube上看的视频无聊到我尬笑！

・今天睡得比往常都好！

生活多姿多彩，处处洋溢着幸福，而被阴霾笼罩着的抑郁症患者却感受不到。你可以把写日记当作寻找幸福的训练，先试着找出一件让你觉得幸福的事情。真心希望你能尽快找到。

当然，找到多少就写多少。千万不要强迫自己一开始就写长篇大论。

可以试着逐条列举出三四条内容，总结一天的日常，达到这种程度就可以了。

如果你觉得写在纸上太麻烦，**那就在手机备忘录里记录好也是可以的。**还有一个办法就是下载一款写日记的App。

有一段时间，我用推特代替写日记，但是我不推荐大家这样做。因为在社交网络上发表，需要顾及网友的看法，有时还可能会遭到网友的恶意评论，所以最好不要采纳这种方法。

"我也是生不如死的感觉呢，你就别矫情了，加油吧"，如果收到这样的评论，只会让你继续卧床一个星期（经验之谈）。

推特有设置访问权限的功能，你发布的内容可以设置为只向有访问权限的人公开，这是屏蔽掉一部分人的手段，推特毕竟是一个社交平台，还是想和更多的网友交流的。如果只是为了想发泄自己的情绪而发推文，那还是不要使用社交网络平台了。

令人可悲的是，这世上有不少人认为"抑郁症就是矫情"。

如果能做到无视对方、不介意固然很好，但是正巧在你心灵受伤时听到这样的话，还是很难忍受的。内心深处总会为此种言论耿耿于怀。

在社交网络上发表信息的时候，多少要讲究一下文章的客观性，这是我投稿很长一段时间后的切身体会。

◎ 笔记可以成为治疗所需的重要资料

每次从精神科诊室出来就后悔。

"哎呀……忘了跟医生说这个事儿了……"

精神科医生在日本特别有人气，虽然这不是什么好现象。精神科每天都是爆满的状态，即使你提前预约好时间了，还是要等好长时间才能轮上你。

前几天明明想好了今天要找医生咨询的事情，就因为等待时间长、路上疲劳等各种原因导致脑子变得一片空白。好不容易约到的复诊时间，"还要等多久……"就这样开始浮躁起来。紧接着，就被后悔的情绪折磨。

一定要建立好患者与精神科医生之间的信赖关系，**把**

每次记录下的治疗日志给医生看,这是一个很有效的治疗方法。写得太多的话医生可能看不过来,所以要挑重点的内容去写。

有时面对面也说不清的事情,用文字就可以准确地传达。例如,如果是一位异性医生,关于性的问题就很难口头描述了,但是换成文字的话,沟通会更顺畅一些。

为了给医生看,你需要编辑成简单易懂的文章,这个举动也算是为了回归社会而进行的训练。

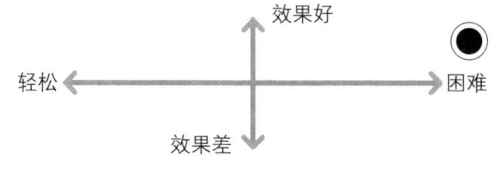

战胜抑郁

一张图表了解治愈抑郁的各种方法

抗抑郁药

12

效果好 ●
轻松 ←→ 困难
效果差

【效果】　　　★★★★☆
【难易度】　　★☆☆☆☆
【推荐级别】　★★★★★

【优点】
服用抗抑郁药是康复的基础

【缺点】
想找到适合自己的药，是需要花时间的

◎ 治疗的第一步从吃药开始

对于吃抗抑郁药这件事,有很多不同的看法,以我的经验,吃药是一个正确的选择。

当然,凡是药物都会有副作用。我现在吃的药是"草酸艾司西酞普兰片",我感受到的是嗜睡、性欲减退等不良反应。关于嗜睡的问题,**我调整了一下生活节奏,还通过喝香草茶调节了自律神经平衡**,就这样感觉缓解了很多。关于性欲减退的问题,没见丝毫好转。好在这不会给正常生活带来障碍,没有因副作用给我造成精神压力。

"28岁的年轻小伙失去了性欲,那怎么行⋯⋯"就是无用的自尊心受到了那么一点点打击而已。

◎ 在找到适合自己的抑郁药之前的那段时间,真的是煎熬

有人会很疑惑,不就是服用抗抑郁药吗,有那么难吗?其实**选择适合自己的药物好比选择适合自己的伴侣,是需要时间的**。

到目前为止,我的用药过程是这样的。

○ 最初的药物

・拉莫三嗪片25mg，一次两片，餐后服用。

・氯氟卓乙酯片1mg，一次半片，餐后服用。

・舒必利片50mg，一次一片，餐后服用。

○ 第二阶段的药物

・碳酸锂缓释片200mg，早上1片、晚上2片，餐后服用。

・甲钴胺片500mg，早晚各1片，餐后服用。

・雷美替胺8mg，1片，睡前服用。

○ 现在服用中的药物

艾司西酞普兰片10mg，1片，晚饭后服用。

走到今天，我感觉经历了很漫长的时间。那段时间每一天都是煎熬，且持续了那么长时间……我在网上收集了亲历者的自述，我发现我调整药物的次数算是少的。

我还在推特上发起过这样的问卷调查——"你认为我换药的次数多吗？"一共有429名网友参与了本次问卷调查。其调查结果如下：

・算多的……11%。

・一般……46%。

・算少的……43%。

我换过两次药了，没想到只有11%的人觉得多。这就是现实啊。

作为精神科医生、脑科学研究者的加藤忠史先生发表过这样的见解。

即使是相同的抗抑郁药，也有很多种类。即使是服用抗抑郁药后好转的重度抑郁症患者，也需要经历"验证药效"的阶段，直到找到适合自己的抗抑郁药。也就是说，运气好的人一开始就能找到适合自己的抗抑郁药，而运气一般的人则需要忍受一段"明明吃了药，却不见好转"的时期，才能找到适合自己的药。[19]

花时间不说，重要的是它耗费大量的精力，累得患者筋疲力尽。我想还有很多病友认为"去医院也治不好"就干脆放弃去医院接受治疗。

服用抗抑郁药物可以说是治疗的第一关。还请大家不要放弃，再多一点耐心，多与精神科医生沟通，全力配合治疗。

"**仅靠**"抗抑郁药是治不好的

康涅狄格大学的临床研究员厄文·基尔希（Irving Kirsch）公布了一项惊人的调查结果。基尔希请求公开FDA（食品药品监督管理局）保管的抗抑郁药临床试验数据，并对此进行了详细调查。

基尔希调查了13年间的临床试验数据，56%的研究结果表明，服用具有代表性的6种抗抑郁药时的有效率与服用安慰剂时的有效率没有差异。

经基尔希对数据的分析，得出的结论是：有效率的80%来自于安慰剂的心理效应。假设用50分满分评价抑郁症状时，抗抑郁药物的有效率约占10%，其中药理作用部分只占2%。[20]

我并不是在否定抗抑郁药，请大家不要误会。相反，我是很支持使用抗抑郁药的。但是不要坚信只要好好吃药就绝对没问题，大家要知道凡事无绝对。

只要吃药绝对能治好！除了吃药什么都不需要做！像这样固执己见的人，把治愈的希望**全部寄托于药物上，以我的经验来说大多数的情况会适得其反。**

治好了就是药的功劳，治不好就是药的错。自己却没有任何不对的地方，想摆脱责任的心情我太能理解了。

所以说，对抗抑郁药的绝对否定和绝对信仰都不好。你可以把药物当作辅助治疗的东西，**要有自己疗愈自己的意识。**

就如同我们在感冒时喝的感冒药，也只是起到辅助治疗的作用。如果，仅仅是吃药就能够治好感冒的话，那么，喝完药就应该立即好转，不然就很难解释了不是吗？

◎ 千万不要擅自停药

还是那句话，凡事无绝对。但是，停药这个事情除外！

千万不要擅自停药！

遵医嘱减药量……遵医嘱循序渐进地停药，这当然是可以的。**我指的是不要以外行的自行判断及未经精神科医生的诊断擅自停药。**

不要以为像喝感冒药似的"感觉没什么症状了，不用喝药了！"而停止用药，那么后果真的不堪设想。

实不相瞒，曾经我也自以为是地以为自己痊愈了就擅自停药了。停药后的一个月的时间，我的身体状态很好，没想到那之后身体状态犹如特大暴雨般急转直下。

我有过抑郁症急性期般的情绪急剧消沉的经历。由于一时疏忽，弄得前功尽弃，后悔莫及。

虽然是已经过去的事情了，但还是不能够原谅自己。真的很痛恨当时的自己为什么能做出那么轻率的决定……如果能见到从前的自己，我一定会千方百计地阻止他，让他按时吃药。

医生开的药不仅有缓解症状的作用，**还有防止反复发作的作用，所以应该坚持吃下去。**

精神医学专家原富英指出，"可以停止用药"的具有代表性的药物是抗生素。抗生素主要针对由"细菌"感染引起的炎症，当炎症得到了有效控制之后便可以停药（医生会告知停药时间）。另外，像维生素及激素类药物只是补充短期内的需求，一般用药几日到几周的时间就需要停药。

另外，精神科类和生活习惯病类相关的药也是暂时不建议停用的药物。为了预防病情恶化和复发，应持续服用最小剂量的药物为好。对此，专家们的意见基本一致。

以抑郁症为例，恢复期需要按月为单位（有的医生会对你说恢复期就是三寒四暖）进行分类，对于容易在这个期间内复发的疾病，医生会视病情后适当减药，之后的几年时间，可能需继续服用当初的三分之一到四分之一的剂量。[21]

如果你恨不得马上就把药停了，还请你冷静一下，停药这个事情是急不得的。

的确，偶尔会有停药之后自愈的患者。我也认识几个这样的人。但是，你应该将这个例子视为特殊情况。

人类有一种叫"体内平衡"的功能，能够维持一定状态的平衡机制。

一个完全习惯于"喝药后，把药物成分吸收于身体中"的人，如果突然停药的话，身体会陷入恐慌状态。

突然停药导致的各种身体不舒服，可能类似于进入了一个新的环境后身体的各种部位出现各种异常。

如今，这本书已出版，我仍在坚持服用抗抑郁药。为了成功停药，我会与精神科医生保持良好的沟通，在医生的诊治下控制药量。

第二章
效果好 难度高 _ 075

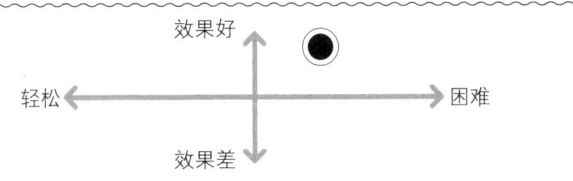

心理咨询

13

效果好
轻松 ← → 困难
效果差

【效果】　　　★★★★☆
【难易度】　　★★★☆☆
【推荐级别】　★★★★★

【优点】
有谈心的对象

【缺点】
单次咨询费用高

◎ 在恢复期间，接受心理咨询是有效的

虽然还没有恢复到复出的程度，但是日常生活方面还是没有问题的。自己想做的事情也变多了。如果是这种状态，我认为已经进入"恢复期"了。

然而，这个时期在某种意义上讲是最难熬的。**这个时期，因处于平台期，感觉不到任何治疗效果。**就像减肥，刚开始减2~3千克非常轻松，但那之后会有一段持续的平台期……就是类似于这种感觉。

这是我个人的感受，在恢复期间，感觉抗抑郁药根本不起作用。这么说可能会引起误解，我想表达的是，在平台期你可能感觉不到明显的疗效。

在这个时期，我吃抗抑郁药的目的是为了防止复发。

在这个时期，对我帮助最大的就是心理咨询。起初，我是以"治疗为主"的心态接受心理咨询的，而**如今变成了"去找好朋友谈心"的感觉。**

我有深入思考的习惯，每当和某人谈论一件事情的时候，对方的反应基本都是"啊，我没有考虑那么多啊……"就这样没法接话了。对我而言，这就是一种精神压力。

在网上可以找到和我一样能深入思考的人，但能控制情绪的人却寥寥无几。有一部分人会进行人身攻击，还有一部分人断章取义，到处造谣……有很多人把讨论误以为

是攻击，不知从哪一天开始，有人找我讨论，我都不愿意搭理他们了。

简而言之，在我的世界里，没有人能够与我进行建设性的深入交流。

在我内心失落时，遇到了现在的心理咨询师。因为我付了钱，心理咨询师为我服务是理所应当的事情，但是**她每次都非常耐心地听我倾诉**，从我的言行中读取了"我想讨论"的欲望，在倾听的过程中她不仅点头示意我，有不对的地方她还能帮我及时纠正。

心理咨询师在帮助我重新审视自己的生活方式和思考方式的同时，还给予了我很多有益的指导。

这就是我现在的心理咨询师。她的年龄比我大一点，不厌其烦地听我倾诉，是一位引导我走向美好生活的姐姐。

◎ 不要把心理咨询想得太复杂

心理咨询师与精神科医生不同的是，心理咨询师是"谈心专家"。在我的印象里，精神科医生虽然是医学方面的专家，但他们对人类心理方面了解得不够透彻。

而且，精神科人满为患，如果症状不是特别严重，短短几分钟就看完了。医院或许有医院的难处，但是从患者的角度考虑，医生太过敷衍，无形中给患者造成了精神压力。

而心理咨询师就不一样，因为对话是治疗的重要环节，所以，**心理咨询师和患者的沟通时间通常需要1个小时**。咨询费用表上通常标着每分钟的费用。

说到心理咨询，给人以洗脑、施心灵术的印象，其实，**大家可以把心理咨询当作找一个真正懂自己的好朋友谈心**。

我认为，没有精神疾病的人也应该去体验一下。之所以建议大家去接受心理咨询，是因为**通过谈话你可以发现新的自己，还会让你活得更轻松**。

虽然现在后悔也来不及了，如果我在患抑郁症之前找心理医生咨询的话，估计就不会患上抑郁症了。

我希望心理咨询能渗透我们的日常生活中，可以作为预防，甚至可以理解为"花钱排解压力"。

◎ 如何选择心理咨询师

选择心理咨询师时要看心理咨询师是否适合自己，**只要记住这一点就可以了**，就是这么简单。选择心理咨询师和选择精神科医生其实是同样的道理。当我们在选择精神科医生时，是否适合自己是重要的评判标准。

医生都是"专业"的，在治疗方面应该都差不多（……可以这么想吧）。所以，如果说有区别的话，就看医生的人品怎么样，仅此一点。

人类对事物的判断会比本人想象的更加情绪化，归根结底还是要看对方是不是自己喜欢的类型。

感到强烈的压力时，症状会随之加重，所以选择自己喜欢的类型的医生是至关重要的。本是以治疗去的医院，然而到了医院之后焦虑不已，那么治疗不仅变成了毫无意义的事情，还会适得其反。

◎ 心理咨询的唯一的缺点

心理咨询的缺点就是费用。目前，市场上的心理咨询费用比较昂贵。我认为我可以承受的价格是5000~10000日元/小时。

按每个月接受1~2次，花这些钱我不觉得心疼，但是，从来没接受过心理治疗的人或许会想"不就是听患者倾诉几句嘛，至于要这么多钱吗？"

按目前的医疗政策，心理咨询尚未纳入医疗保险报销范围，所以给大家留下费用高的印象是很正常的。**亲自体验一下心理咨询并感知其好处之后，肯定不会觉得费用高了**……

说到这儿，很多人好奇心理咨询到底是什么样的，有一种想体验的冲动，但又不知道该咨询什么。

我们经常能碰到"免费体验""体验半价"的活动，但是很多人会担心"是不是体验一次就必须一直在那个地方接受治疗啊……"由此一直下不了决心。

如果我当时是"轻症患者"，我也不会那么乖乖地去咨询了。因为我是一名博主，当时去心理咨询是本着就地取材的目的，所以没有太大的心理负担。其实，我刚开始是反对心理咨询的。因为，我当时在想，连我自己都解决不了的事情，别人怎么可能帮我打开心结消除烦恼呢。

我希望更多的心理咨询师联合起来，大力推广，让更多需要的人了解心理咨询。对于心理专家们来说可能是司空见惯的事情，但是对于大部分普通人来说可是前所未闻的事情。

第二章
效果好 难度高 _ 081

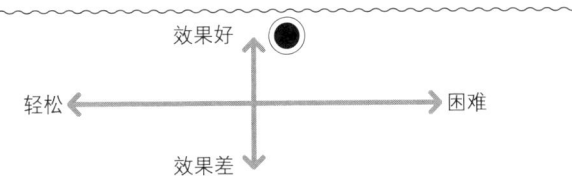

散步

14

效果好 ●

轻松 ←——→ 困难

效果差

【效果】　　★★★★★
【难易度】　★★★☆☆
【推荐级别】★★★★★

【优点】

大家公认的无副作用的健康法

【缺点】

很难坚持

◎ 关于散步的话题,是不是听得让人不胜其烦?

有助于治疗抑郁症的运动数不胜数,其中最轻松的运动就是散步。

又是散步,早就听腻了,大多数人可能都有过这种感受吧。

说实话,我犹豫了很久到底要不要写散步的效果。但是,**散步的确是轻松且有效的辅助治疗方法**,这一点是毋庸置疑的。

但是,我在抑郁映射图上,把散步归类在了"困难区"而不是"轻松区",其理由有以下两点。

①从无法走出家门的状态到散步的过程非常艰难。
②散步很难坚持下来。

没有出去散步的勇气时,不要强求自己马上出去散步,**可以从"下床""走出房间"的顺序慢慢尝试。**

例如,"走出房间1步,就可以看一个小时自己喜欢看的YouTube视频犒劳自己",像这样鼓励自己,给自己勇气。

"啊?就走一步,至于夸自己吗?"也有这么想的人。当然,就这一小步,可能没有人会表扬你。你就是从房间迈出那么一小步而已。

但是，从房间走出来，如此简单的事情，对于一个习惯闭门不出的抑郁症患者来说是一种非常紧张的行为。能够理解这一点的没有别人，只有你自己。

因此，要养成自己夸自己的习惯。

不仅如此，这些抑郁症患者在回归社会前做的所有康复训练，从一般的价值观角度看，都会变为"就这种程度吗？"在我们看来，那些工作5天，每天坚持工作8小时的普通人简直就是超人。

请根据自己的价值观来判断并表扬自己。我想大家一定都会在表扬中进步的！

◎ 想坚持散步，就把散步变成快乐的事情

接下来，说一下前面第2条中提到的"散步很难坚持下来"。想要坚持散步，应该怎么做呢？我为了让散步变成一件快乐的事情，准备了几件道具。那就是**手机和耳机**。对，就是这两件东西。我们可以用手机下载自己喜欢听的音乐，边走边听，或者下载广播应用，边走边听也可以。

需要注意的是，有些耳机是佩戴后听不见外界声音的，因此存在安全隐患。建议使用**"开放式"耳机**，如iPhone自

带的耳机。

像"入耳式"耳机这种完全密封住使用者耳道的耳机，适合在地铁、公交车等嘈杂的场所使用。散步时使用这种耳机，听不见周边来往车辆的声音比较危险，所以要特别注意。

◎ 运动具有改善抑郁症状的效果

澳大利亚发表的研究表明，保证每周一小时的少量运动，能够充分发挥改善症状的效果。这项研究结果是由澳大利亚的研究人员主导并实施的国际性大规模调查《HUNT研究》的一部分，研究对象是居住在挪威的33098名成年人。

研究人员对这些成年人的运动习惯进行了跟踪调查，在1984~1997年，历经约13年的时间，对抑郁症及焦虑障碍的发病问题进行了追踪调查。

结果显示，没有运动习惯的人群抑郁症发病风险比每周运动1~2小时的人群高44%。同时，还明确了每周运动1小时可以减少12%的抑郁症发病率。[22]

如果每周运动1小时就可以的话，那么按照自己的节奏在家附近散步，不就可以轻松满足了吗？

听到散步有益于健康的信息后，在网上搜索"散步健康"，你会发现，最先出现的是让那些健康人如何变得更健康的信息。

例如,"一天务必走1万步"这样的呼吁……这也太不现实了……我到现在都做不到。

1万步是什么概念,意味着要走1小时以上。这岂不是变成剧烈运动了。

然而,**如果说一周只需锻炼1小时,那么可以隔一天散步,这样也可以达到目标**。渐渐地,你的自信就回来了。

另外,我为什么在那么多的运动项目中就选择"散步"呢,除了"就是图个轻松"这种单纯的理由以外,还有其他理由。

研究结果还表明,通过步行、慢跑和骑自行车这样的有一定节奏的活动身体肌肉的有氧运动,可以提高调节大脑信息传达平衡的神经物质之一——血清素的活性。[23]

也就是说建议做有节奏的运动。身体条件允许的情况下,尝试慢跑和骑自行车也是可以的,但是半途而废的话就意义不大了,所以还是从步行,也就是说从散步开始是不是最佳的选择呢?

就我个人而言不太喜欢"走路"这个表达,感觉更多是在强调健康因素,有点压力。而"散步"这个词给人的感觉是"轻松遛达一圈"这种轻松愉悦的感觉,且比较随意。

◎ 养狗的人可以带着宠物狗一起散步

如果家里养着宠物狗，散步时可以带着狗一起散步，它会成为和你一起散步的好伙伴。

像我们抑郁症患者在散步时比较在意"他人的目光"。如今，不上班也不是什么奇怪的事情了，不像以前会受到路人的白眼……在我住的乡下，偶尔会有年迈的老人很疑惑地看着我自言自语道："这么年轻，为什么该上班的时间不去上班，在外面闲逛？"

路人有这种想法我是非常理解的。因为我长得特别壮实，看起来也很健康，怎么看都不像是一个病人……按理说，散步就是为了改善自己的抑郁症，为什么还要在意他人的想法呢。实际上，说起来容易，做起来难啊。

但是，如果带着宠物狗一起散步的话就不一样了！因为**路人基本都喜欢宠物狗，视线和注意力会全部放在宠物狗的身上。**

"这个小年轻该上班的时间怎么还能出来散步……这个小狗好可爱啊！"会发生这种转折，小狗会帮你转移路人的注意力。

我不是在开玩笑。路人的视线真的会转移。

大多数人得抑郁症是来自人际关系的压力影响，还有一部分人却是通过人际关系治好了抑郁症。

第二章
效果好 难度高 _ 087

旅行

15

效果好
轻松 ← → 困难
效果差

【效果】　　★★★☆☆
【难易度】　★☆☆☆☆
【推荐级别】★★★☆☆

【优点】
适应新的环境

【缺点】
难度高、成本高

然而，第一步永远是最艰难的。那以什么为契机搭讪好呢？你只要带着宠物狗就好了，宠物狗会帮助你轻松迈开第一步。

"好可爱啊！几岁了？"

"好可爱啊！是什么品种啊？"

基本都是聊这些内容，所以不必太紧张。

这是最简单且容易的沟通方式，**同时也是很好的与人相处的机会，可以当作回归社会的训练**。

爱犬真的是一个很伟大的存在。

◎ 体验旅行等非日常生活，竟然变成了恐怖故事

在我抑郁症稍微好转的时候，有一次我和女朋友去熊本旅行。记得那是炎炎夏日，骄阳似火的一天，当我们到达阿苏卡德里·多米尼翁动物园门口的时候，我出现了类似中暑的症状。

现在回想起来更像是恐慌发作，而不是中暑。

当时，被"万一中暑了可怎么办啊……"这种恐惧吞噬了灵魂。在开着空调的车里休息了片刻后身体慢慢恢复过来，但是阿苏卡德里·多米尼翁动物园一日游最终化成了泡影。

还有一次是我和女朋友去看B'Z演唱会。我拿到了从前面数第5排的绝佳位置，这是加入粉丝团也难以入手的好位置。然而，就在演唱会刚刚开始后的几秒，伴奏响起，歌手即将登场的那一刻，突然出现胸闷、呼吸困难的症状，至今仍让我记忆犹新。应该是我过度紧张和兴奋的原因，身体濒临崩溃了吧。

在工作人员的搀扶下，我渐渐远离了热火朝天的演唱会会场，当时我在心里自责"我根本不配追星……"就这样心情一落千丈。

·在女朋友面前真是丢尽了脸。
·多么难得的演唱会，就这样被我搞砸了。

这两段负面记忆，每次非日常的生活事件都会成为"恐惧的对象"。

令人可怕的是，一开始我对偏远的郊区有很大的恐惧感，随着出远门的次数减少，连家周边的地方都开始抗拒。就因为总不出门，感觉不适合自己的场合的范围越来越广了。

◎ 去东京三日两夜游，让我克服了恐惧

这次还是跟B'Z乐队有关。在2018年4月1日~6月15日，在东京有乐町开展了30周年纪念"大秀"活动。女朋友说她自己一个人去就行了，但我又想她肯定会买好多纪念品和礼品（实际上那天买了5万日元以上的东西），一个人怎么能拿那么多的东西，惶恐不安的我还是为了"耍帅装酷"决定跟着女朋友一同去活动现场。

- 这次没有演唱会。
- 就是为了帮女朋友"拎包"。

就是这么简单的事情，我以为参加这次活动，或许能帮助我克服恐惧心理。然而，没想到的是女朋友对B'Z的爱和迷恋程度超乎了我的想象……

我预定的是11点的入场券，但女朋友的意思是"预定的时间太晚了，还得排长队等，如果不早一点去，到时候什么商品都买不到啦！"于是我们改为8点到场等候了。当时，会场还没有开门，但是队伍已经像一条长蛇了。

是的，就是为了买纪念品要足足等3个小时。并且，买完东西之后，回到酒店卸货，再去买一批。

接着去了会展。在会展上感受了B'Z走过的人生轨迹，

狂喜到我心满意足。吉他、衣装、演唱会道具、未发行歌曲的乐谱和歌词等，对于铁粉来说，这是不看死不瞑目系列的超级神圣的展览活动。

我虽然没有女朋友那么痴迷，但毕竟也是老粉丝，所以还是很兴奋、很开心的。这个展会不是一天就结束了，整整两天啊。我感觉逛一天就足够了，但女朋友好像永远逛不够的样子。哎，我算是知道真正的粉丝有多么疯狂了……

在这次旅途中，恐惧感从未退去过。我的身体一旦垮下来，这次神圣的活动将化为我俩的地狱……

在绝对不能失败的强烈意念下，我的身体还算给力，没有掉链子，我们顺利地回到了家。

就是以这次活动为契机，我给自己增加了参加各种演讲等线下活动的机会。以前是因为恐惧，抗拒了很多活动，**"顺利度过了那次B'Z活动"的经历对我来说是莫大的鼓励，给了我很大的自信。**

以目前的身体情况来看，去演唱会还是比较困难的，但是我认为已经克服了出远门的恐惧。

从这次经历中，我**切身体会到了只有面对恐惧才能消除恐惧的道理。**

在体育界，给选手加油鼓劲时，经常说"用意念超越对手！！"我虽然不想这么做，但事实上，"只有直面恐惧，才能战胜恐惧"，听似简单粗暴，却是残酷的事实。

◎ 高风险·高回报　找精神科医生和心理医生咨询性价比最高

当然，无法保证结果都是理想的。我可能算是其中的幸运儿。

如果失败了，对我的打击会不会很大……一边有着这种顾虑，一边又想着"要不还是试试看吧！"能纠结到这种程度，可能意味着身体状态有了好转。

"好！为了克服我的恐惧，我拼了！！"**尽管状态不佳，还要激励自己向前冲是非常危险的行为。**

我之前没有和任何人商量就去找了工作。被我投简历的第一家公司拒绝后，我的身体一下子就垮掉了。

不就是被一家公司拒绝了嘛，至于吗？现在想起来挺不可思议的，当时我的身体状态还是欠佳，没想到就那么一小点打击就一蹶不振了。

那之后的2~3个月的时间，我一直在黑暗中徘徊。

这么一说，我在东京旅游之前找过心理咨询师咨询过。我跟她说："我真害怕我的身体又扛不住了。"

接着，她跟我说了这一番话："以你现在的状态，有什么可担心的呢？"

专家的认可还是鼓舞人心的。可靠性及信赖度取决于与对方建立的人际关系，无论是精神科医生还是心理咨询师，都要仔细辨别对方是否适合自己，这一点真的很重要。

第二章
效果好　难度高 _ 093

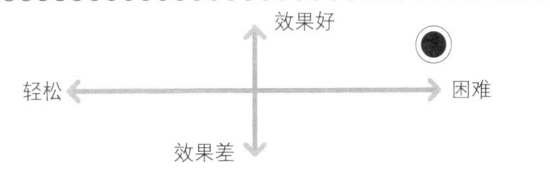

找朋友玩儿

16

效果好 ●
轻松 ← → 困难
效果差

【效果】　　　★★★★☆
【难易度】　　★☆☆☆☆
【推荐级别】　★★★★★

【优点】　　　　　　　　　【缺点】
拓宽自己的视野　　　　　　容易受到精神压力

◎ 人际关系能让人患上抑郁症，也可以治疗抑郁症

因为精神压力大而患上抑郁症的人，应该有很多理由，按目前的社会环境看，大多数抑郁症患者都是受人际关系的影响。

近期，新闻上大量报道职场骚扰和性骚扰方面的事件，即使与此新闻无关的人也开始陷入烦恼和痛苦之中。

我之前上班的公司没有任何人际关系方面的问题。相反，我是在公司特别受宠的那一个。但是，总觉得公司的氛围不太适合我。

再加上高强度工作（我曾经是汽车系统方面的工程师），压力非常大。被分配到的部门里没有一个我熟悉的人，连说话的对象都找不到，整天孤苦伶仃的。

都说"工作上的烦恼"可以找前辈解忧，但是想找一个可依靠、可分担痛苦的人，如果不是同龄人是做不到的。

最终，觉得在公司没有立足之地的我，竟把自己逼到了绝路，直至得了抑郁症。

《被讨厌的勇气》是一本畅销书，书中出现的阿德勒心理学的倡导者阿尔弗雷德·阿德勒也说："所有的苦恼都来自于人际关系"，因此"可能谁都会因为人际关系而患上抑郁症"，这种说法绝不是夸大其词的。

我作为一名博主，一直在坚持投稿，**在此期间接触了很**

多支持我的人，还有工作上的伙伴，我发现我成长了，渐渐地觉得生活也越来越轻松了。

我想起了某一天我的心理咨询师对我说的一句话："你作为一个人，还有一些不成熟的地方。"直到如今，我依然很不成熟，回首过往，自己的目光是那么短浅、轻虑浅谋。

在人际关系中，融入各种不同的价值观，将其化为自己的血和肉，终会让视野变得开阔。**能看到更广阔的世界，人就会变得从容。**就是这种从容不迫会让你的精神安定下来。

◎ 在网上寻找志同道合的朋友

"可我……现实生活中连一个朋友都没有……"也许真有这样的人。我也是得了抑郁症之后，明显感觉朋友变少了，那种孤独的感觉太能理解了。

然而，在当今这个社会，没有真实的朋友也不必担心。**在网上同样可以找到志同道合的朋友。**

社交网络虽然用起来很方便，但如果**想找朋友的话我还是建议在推特上找**，不妨在推特上发一个有关你兴趣爱好的信息。

不要在意"别人会怎么想？"**不要扭曲你自己的价值**

观，大胆地尝试就好。

在你坚持发推文一段时间后，会有和你同样价值观的人来关注你。**刚开始关注的人少没有关系，随着活跃度程度提高，自然而然地会形成一个社群。**

虽然是无形的虚拟社群，但是会随着建立信任，逐渐形成犹如见面交流的具有真实感的场景。我也是通过这样的流程交到了很多博主朋友。

在现实生活中也能建立上联系的话，关系就会变得更加牢固。有时，会比仅是现实生活中的朋友的关系更加牢靠。一般来说，很少与网友发生纠葛，所以即使断交也没有那么麻烦。

网络世界和现实世界是不一样的，如果**在网络世界中遇到三观不合的人，直接无视就可以了**。和三观不合的人聊天简直就是浪费时间。毕竟，这种人应该不是为了提高彼此的精神世界那样的高尚理由开始使用社交网络的。

能够把全部精力投入到自己热爱的兴趣爱好上，这才是最重要的。要多与支持你和引导你做自己热爱的事情的人建立友谊。

为了不被别人讨厌而做出八面玲珑的行为，反而不会给人留下任何印象。被人喜欢，其实就是被人讨厌。

即使在网上被攻击，也不要太担心。你可以先调查一下攻击你的人。如果你认为这个人的价值观与你不一致……那么意味着你完全胜利了。

为什么这么说呢,因为,**被一个价值观不一致的人讨厌,说明你被价值观一致的人喜欢的可能性极大**。所以,你没有必要做出任何回应。像这种习惯在网上攻击他人的人,往往都是装腔作势、刷存在感的人。

我在现实生活中交往的朋友,基本都是在网上认识的。我们可以互相看到对方发布的信息,可以省略"你好,很高兴认识你"这种社交寒暄语,所以,相处起来特别轻松。

喜欢就是喜欢!不喜欢就是不喜欢!在网上绝对不与讨厌的人打交道!如果提前定好这个规矩,讨厌的人就会在网络这个阶段就被踢出局。

在网上相识,待建立好信赖关系后,约个时间见一面。这种流程才会让你的沟通成本降到最低。

◎ 要具有与合不来的人断交的勇气

总是与自己意见相左,或者是很莫名其妙地讨厌某个人,遇到这种情况,**不用犹豫,直接停止交往,这样才会形成各得其所的好局面。**

令人不可思议的是,当你想"这个人有点与众不同……"时,对方也会有同样的想法。明明都讨厌对方,表面上还强颜欢笑,这样装下去也太累了吧。早晚会因为这种难受的关系使抑郁症恶化。

我们不得不与社会保持一定的距离,但是完全脱离就无法生存下去。人类是社会性动物,天生怕孤独。

或许有的人会认为"让我主动与他人断交,总觉得对不起对方,所以很难做到……"这种心情是可以理解的。总感觉自己在没完没了地筛选朋友,心里很过意不去。

但是,我并**不认为"筛选"是一件坏事情**。前面提到过,硬撑着维持彼此的关系,只能让双方更痛苦。

正因为你把它理解为"筛选人"才会感到愧疚,如果你把它理解成是在为**守护彼此的宝贵时间充当一次坏人的话**,心情可能会变得好一些,这种情况唯有快刀斩乱麻,才能解决问题,这是我的建议。

做法其实没有变,就是改变了一下思维方式,会让你释然很多。

是的。正如你感受到的那样,这只不过是将行为正当化了而已,但患抑郁症的人太过于正直了,最好不要对自己那么苛刻,可以适当地正当化一下。

我认为最重要的是,无论何时都要放松自己的心情。

我们不能随便伤害别人,但是也不能让自己无缘无故地受到伤害。

◎ 如果能处理好人际关系，可以升级为"效果好·轻松"的行列

对我而言，是否患有抑郁症并不重要，有几个能把我当作一个正常人来相处的朋友就已经很欣慰了。我不喜欢别人小心翼翼地照顾我，但是如果因我的抑郁症而遭抗拒我还是会很伤心。

就和我以前没有患抑郁症的时候一样，能够平等相处的话，我真的是太开心了。大家担心我的心情我甚是感激，但是这样会让彼此产生距离感，心情会变得很微妙。

即使我受一点伤，倒不如半开玩笑地跟我说"真的抑郁了吗？气色很好嘛，一点都看不出来啊"，这样听起来更舒服一些。

身边只要有几个舒心的朋友，找朋友玩儿这件事情会从"效果好·困难"的行列转到"效果好·轻松"的行列。

就像我在前面讲到的，人际关系的困难之处在于减少不喜欢的人，留下喜欢的人。根据环境的不同，难免会卷入各种纠葛当中，所以难度也会随之增加。

实际上，纠葛解决起来并没有那么困难。

战胜抑郁

一张图表了解治愈抑郁的各种方法

改善认知

17

效果好 ●

轻松 ←——————→ 困难

效果差

【效果】　　　★★★★★
【难易度】　　★★☆☆☆
【推荐级别】　★★★★★

【优点】
生活会变得极其轻松

【缺点】
如果没有专家指点会很困难

◎ 什么是"认知扭曲"

认知扭曲是由大卫·D.伯恩斯提出的。简单地说,就是"推理错误"。我们在社交过程中会涉及很多推理。

例如,"我明明打招呼了,他为什么没有任何反应,我是不是被嫌弃了?"就是这种思维错误。实际上并不是被嫌弃了,而是自己想歪了。这也属于"认知扭曲"的一种情况。

大卫·D.伯恩斯写的《好心情》这本书堪比抑郁症患者的"圣经"。书中介绍了10种"认知扭曲",我们依次来看一下吧。

1."全或无"思维

"全或无"思维即非黑即白思维。只要出现一点失误,就视为彻底失败。[24]

0或1、黑或白、成功或失败……**难以接受灰色地带,是比较极端的一种思维**。我被诊断为抑郁症的那一刻,我是这么想的:"我算走到尽头了,我的人生彻底结束了,我已经没有活下去的意义了。"

当然,就算得了抑郁症,**作为人的价值,不会发生任何变化**。抑郁症,说到底就像游戏中的"异常状态"。你可以认为是中毒了。

走得越多,伤害越大,这一点也很类似呢。可惜的是,现实生活中还没有游戏世界里存在的解药。

关于"完美主义",**完美这个东西根本不会存在于这个世界**。举个例子,就算你全力以赴地工作,并完成了100%的工作质量。那么,会有一个崭新的情景展现在你眼前。因为你站在之前无法到达的地方,所以你看到的景色已经发生了变化。

当你站在高处时,能看到更高的山一样,变化的只是100%的标准。也就是说,我们永远达不到100%标准,在达到标准那个瞬间会出现下一个"新的100%标准"。

所以,一直不能表扬自己、原谅自己、认可自己。这种生活简直太痛苦了。

2.过度概括

只要发生一件不愉快的事情,就认定为全世界都是如此。[24]

假设你在推特上发表了你的意见。

你:"我认为抑郁症肯定能痊愈。虽然恢复得慢一些,但是能感觉得到一点点地在变好。"

针对你发表的推文,假设收到了这样一个评论。

A评论道:"我现在特别难受。看到你的推文后又一次受到了打击。请你不要忘了还有很多人的身体状况还是很糟糕的。"

你："对不起。"

（……啊……原来大家都是这么想的啊……我不应该说"抑郁症能治愈"这种话啊……都是我不对……）

这简直就是以偏概全嘛。把一次网友的回击当作所有网友的想法。这就是简单易懂的引发热议的例子。

完全陷入了被所有人讨厌的错觉中，根据前文提到的调查数据显示，**一年之中促使引发热议的人只是所有发帖人中的0.5%。**[25]

假如你被负面消息热炒，认为全世界的人都讨厌你，即便如此，讨厌你的人也不过是整体的0.5%。（常年炒得热火朝天的案例很少见的）

令人遗憾的是，想让全世界的人都喜欢你是绝对不可能的事。

有些人为了避免在人际关系中产生冲突而变得八面玲珑，从不做得罪人的事。这种行为确实可以减少冲突，但是有很多人讨厌八面玲珑的人，这也是无可厚非的事实。

那么反过来，假设有一个直来直往的人，相比八面玲珑的人而言，经常会与他人发生冲突。这样的人会无形中给自己增设敌人。在网上也如此，被抨击的往往都是直言不讳的人。但是，对此表示"说得好"的仰慕者增多也是不争的事实。

总之，不管你做出怎样的行为，喜欢你的人还是会喜欢你，讨厌你的人还是会讨厌你。

喜欢你还是讨厌你，取决于对方的情感，而不是你能控制的。只要能理解这一点，你就可以按照自己的方式应对自如了。

3.心理过滤

仅仅因为那一点不愉快的事情，始终纠结于心，导致看什么都不顺心。就像一滴墨水玷污了清水一样。[24]

我曾经也有过一段被消极的心理过滤网笼罩着的日子。

总是认为"抑郁症的人干什么都不行……"这种过滤系统的能量极大，隐藏着非常可怕的东西。

在我状态还不算太好的时候，参加了一个和老朋友欢聚一堂、重温友情的聚会。

那时候的他们也过着一边抱怨一边拼命工作的日子。

我虽然满面笑容地与他们交谈着，心里却想："原来他们都和我不一样呢……"

仿佛抑郁让人生的一切都终结了。这本是很快乐的时刻，我却享受不到一点快乐。

对我而言"一直被抑郁症过滤系统控制着"，看什么都是灰色的。实际上，**"就是患上了抑郁症"**而已，也没有因为是抑郁症导致了什么特殊的变化。

或许你具备某种非常了不起的才能，但就是因为这个"心理过滤"削弱了你的行动力。

4.消极思维

不知道什么原因，总是会忽略美好的事物，生活就这样变成了消极的每一天。[24]

"气色看起来不错啊！"周边的人偶尔会这样和我打招呼。但是，这种话有时会变成抑郁症患者的压力。

这是因为**"消极思维"在作怪**。

这可能就是大多数人正常打招呼的方式。

"听说你得了抑郁症，但是看起来气色很好啊！"对方其实就是关心地问候一下。但是，当时的我是这么理解的。

"是不是让我'快点上班'的意思啊……哎……"

虽然尽量不把情绪表现在脸上或态度上，但人类是凭直觉捕捉情感的。

远离我的那些人，肯定是觉察到了我的某种情绪了吧。

就这样，**本应是好事情，偏偏往坏了想，甚至破坏了人际关系**，这就是一种可恶的"认知扭曲"。

5.跳跃式结论

跳跃式结论，即毫无根据地得出悲观的结论。

（1）过度解读对方的内心：贸然断定某人对你居心叵测。

假设你在和你的朋友聊天。当你发表完自己的见解后，朋友做出了"哦——"这样的回应。你觉得他很冷漠，认为不认同你的看法。

……是不是很常见的场景呢，你真的觉得对方是在否定你的看法吗？你还可以这么想啊。

- 他可能刚好想着别的事情呢。
- 听完你的意见之后，可能在思考。
- 回应方式就是那样的。
- 没有特殊的理由。

反倒是让他看到"我是不是被嫌弃了？哎——我……"这样的自我厌恶的你，而第一次流露出觉得你是一个"好麻烦的人……"的态度。

看到这一幕的你，"呐，你看看"就是在嫌弃我呢，像这样只关注被讨厌的结果。

我们本来就读不懂别人的心思，而且他们的变化多端远胜于入秋的天气。**如果在意这些，就是浪费时间和精力。**

（2）预判错误：妄下结论，认为事态一定会恶化。[24]

刚开始进入抑郁症治疗的时期，我有过这样的想法。

"抑郁药根本不起作用，想上班也没那么容易了。我就是一个废物……照这样下去是不是会被父母和女朋友抛弃呢。不用想，肯定会被抛弃的。我是不是会就这样一个人孤独地死去。"

这就是典型的"预判错误"。**谁都不知道明天会发生什么。**

说不定你在接受治疗后，回家的路上买的一张彩票能中1亿日元呢。虽说中奖概率很小。

在我重度抑郁时期，每天盯着天花板发呆，又怎么会想到我会出书，我刚开始刷博客时，从来也没发表过"等哪一天我一定要写一本书！"这样的帖子。

在我的"我要悄悄实现的目标清单"中确实写过"出版图书"这一项（要替我保密哦）。

6.夸大和低估

放大自己的失败，低估自己的优势。反过来，高度评价他人的成功，忽略他人的缺点。也被称为双筒望远镜的特技。[24]

我的一位博客读者，她认为自己是个废柴。她是一位抑郁症、恐慌症患者。她具有出色的绘画才能，还很会"倾听"。我提示她有这么多的优点时，她却全盘否定。

原来，她一直为过去的失败悔恨不已。一般来说，其问题的严重程度对她的人生产生的影响不算大。（当然，烦恼是主观的，不能说比别人轻……）相反，她知道我在发帖，而且知道我的粉丝很多，她不断地夸我厉害。

这就是典型的"夸大和低估"的表现。

想找到和我的粉丝数（刚开始投稿时大概有8500人）差不多级别的博主，应该不算难。但是，我认为很难找到像她那样擅长倾听和绘画的博主。

这种"认知扭曲"，在具有强烈消极思维的健康人群中也很常见。

生活中，有很多自以为是的人批评你，却很少有人表扬你。

如果连自己都不夸一下自己，那生活只能变得更加苦闷，还是多夸一夸自己的优点吧。

说到才能，不一定非得是尤塞恩·博尔特的腿、毕加索的画那样高尚的东西。每个人都有比别人更擅长的东西。只要不断提升自己的天赋，成为某一领域的佼佼者，其实也不是很难的事情。

我认为现在生活中的大多数人才，都是因为没有放弃，不断提升自己的才能而获得的成功。 或许有些人就是天生的，但并非所有人都是这样。

如果不坚持就会衰弱，一直坚持下来的才是赢家。 毕竟能坚持下来的人占少数。

7.情感推理

人们经常认为,自己的忧郁情感就是现实的真实体现,以为"我能感受得到,所以这是事实"。[24]

刚开始吃抑郁药的时候,经常在网上查相关资料,查的过程中会看到很多类似"抗抑郁药的副作用太大了,相比其他的药难受多了"这种观点。

刚开始吃药时,正处于抑郁症急性期,我没认为这些是个人的看法,而是把它当作所有人的共同感受来理解的。(过于片面了)

即使是一个健康的人,也会出现各种身体上的不适。

- 今天有点头疼。
- 嗯?感觉肚子胀胀的。
- 是不是昨天喝多了的原因呢?有点恶心。

刚开始吃抗抑郁药时,我草率地断定"你看!果然出现了副作用!"

究竟是抗抑郁药物的副作用,还是身体其他地方出了问题,作为外行是难以判断的。也许是药物的副作用,实际上谁也不清楚。

但是,我认为积极层面上的**"情感推理"**是很重要的。

听说过"安慰剂效应"吗?

人的身体有着非常不可思议的一面。有一项这样的试验，用乳糖和淀粉等没有药效的东西制成了药片和胶囊，当作真药物给头痛的患者服用，结果有一半左右的患者竟然不疼了。吃了药（类似的东西）后的安心感，可能会激发潜藏在身体里的自然治愈力。

这就是所谓的"安慰剂效应"。安慰剂又名伪药，可以说是能够起到镇静作用的模拟药物。

"一个人信仰的力量""病由心生"的说法不是没有道理的。可能从积极的层面不好想象，但从消极的层面就应该不难想象了吧。

一天到晚只想着身体的不适，这样只会让身体越来越差。

我认为，**抑郁症不好治愈的原因就是被消极的思想所束缚**。消极的想法只能让你的心情变得更忧郁，把自己的未来也变成一片灰暗。

这时，你无法相信任何人，包括你的主治医生。

当谈论安慰剂效应或者是"病由心生"的话题时，可能会被吐槽"你是说抑郁症患者矫情吗？"恰恰相反，我想说"矫情有什么不好吗？"

问题在于抑郁症干扰了正常的社会生活和日常生活。即使患病是因为矫情……或者是因为没有及时看医生，但"患者本人感到痛苦"，这本身就是一个问题。

我通过线上、线下接触了很多抑郁症患者，让我感觉到"矫情"的人一个都没有，相反**不知道如何"矫情"的人却**

很多。

我在想为什么就不能矫情一点呢……当然也包括我在内。

8.应该思维

当想做一件事时,我们往往都会心想"应该""不应该"。好像不做的话就会受到惩罚,有种负罪感。如果这种思想的苗头指向他人时,就会感到愤怒和纠结。[24]

大多数的日本人都被这种思维困扰着。抑郁症患者的数量要比正常人多10倍左右(凭感觉的估值……)。

- "应该"快点治好抑郁症。
- "应该"尽早回归社会。

当然,如果可以的话,谁不想快点治好,快点回归社会呢。这是毋庸置疑的。

但是,"应该如何如何"这种思维方式是不是有点太折磨人了。即使做不到也不会被抓捕或者被抛弃啊!

另外,一旦被这种"应该思维"所束缚,当遇到失败时,往往不会从失败中吸取教训。

讲一段我被"应该思维"迷惑的事情吧!

听说散步有助于治疗抑郁症之后,我就开始散步了。心血来潮之下,我购买了健步鞋和服装。当我意气风发,阔步前进时,有一位女士过来跟我搭话。

"呦,出来散步啦。多好啊!"

因抑郁症把自己封闭在家好长一段时间,都没好好回应人家……这引发了我的自我厌恶。

"哎……本来我'应该'好好回应人家的,竟然无视了人家……"

第二天下雨了。因为不想弄脏刚买的鞋子,就决定不去散步。

第三天晴空万里,想到没有好好回应那位女士而自责好久,结果又没有出去散步。

"就因为那么一点小事,情绪低落得不行……晴天就'应该'出去散步啊,但是做不到啊……"

回顾过去,这"认知扭曲"现象太严重了。如今,摆脱了"应该思维",我的思维方式也变了。

· 下次再见到,适当地示意一下,或者是笑一下也是可以的啊!

· 陌生人突然过来打招呼,是谁都会不知所措的!

· 没心情的时候,不要强迫自己出去散步了。

· 不去散步,又不会使抑郁症恶化,或者是治不好。

· 等来兴致了,再重新挑战也可以嘛。

另外,**把这种思维指向他人是非常危险的**。现实生活中，有很多人"看起来"活得非常滋润。

"这些人应该去受点苦。凭什么就我活得这么辛苦……"真有这么想的人。就是把自己的痛苦强加在别人身上。这简直就是无稽之谈，这样想只能成为被他人厌烦的人。

前面我提到"看起来"活得非常滋润，实际上我们谁都不知道到底活得怎么样。又不是一天24小时跟他们黏在一起。

同样都是人，虽然有一部分可以相互理解，但绝大多数是无法相互理解的。这就像**明明是同类，却又不像是同类的存在**。我认为这就是人。

9.贴标签

贴标签是"过度概括"的一种极端形式。犯错时，不反思为什么会犯错，而是给自己贴上标签。"我就是一个落伍者"。当别人触怒到自己的神经时，立即给别人贴上"那个混蛋！"这样的标签。这种标签是带着情绪化的，且充满偏见的。[24]

你可以理解为是"过度概括"的加强版。我认为得了抑郁症之后，认知扭曲到这种地步的人不计其数。

随着社交平台的发展，接收各种不同意见也变得特别容易。

正确利用社交平台的话是利大于弊的，反之，会向

"过度概括"加速进展，极大地缩短了向"贴标签"转移的时间。

在说明"过度概括"认知扭曲时，举了相关推特的例子。仅因为有一个攻击你的人，你就以为全世界的人都对你有偏见。"贴标签"是在此基础上更激进一些，"我伤害到了别人……我就是一个坏人。我是一个没有价值的人"，就这样给自己贴上标签。

因为这个标签，无论做什么都只关注消极的一面，当它成为现实的时候，标签甚至会渗透到自己身上。

需要注意的是，标签在不知不觉中和自己的身份重叠在一起。

因为这样会陷入我一直担心的"习惯于不幸"的状态。

"习惯于不幸的标签"，会阻碍你挑战新事物。

不试一下怎么知道行还是不行，可是总是以"就凭我，还是算了吧……"而拒绝尝试。

即使是对治疗抑郁症很有帮助的运动，如果没有坚定的决心，也很难开始。任何事情在养成习惯之前都是非常困难的。

就像开车，一开始不狠踩油门，车是开不起来的。有了一定的速度之后就可以慢慢松开脚，车自然就会行驶了。

无论是人生还是改善抑郁症，如果不踩第一脚油门，其害处是无穷大的。

10.归己化

当发生某一件不愉快的事情时,明明不是自己的错,还是要责怪自己。[24]

举一个容易理解的例子吧。假设去一家公司面试,"抱歉,我们公司决定不录用你"——当被告知面试未通过时,很多人都会如下那么想而导致心情跌落到谷底。

· 我的能力不够。
· 面试官可能讨厌我吧!
· 哎,我就是一个废物。哪家公司能要我这样没用的员工。

面试没通过是事实,至于被拒绝的理由是什么,具体也不清楚。很多时候,并不是应聘者的问题,而是可能与企业文化不符,或是暂不招聘这样的职位,基本就是这些理由吧。

我没有招聘人员的经验,但有时我会把我的业务分担给其他同事。作为备选人的参考,在必备的能力上确实有一个最低限度的要求,但要求不会设置得很高。简单地说,就是凭"差不多就行了"这种感觉决定的。

当然,企业的人事人员应该不会这么稀里糊涂地工作,但或许也有类似的情况。

人类的直觉不容小觑。

当你自责"认为问题在自己身上！"的时候，大多数的情况，周围的人可能并不在意。

因为，大部分人都会认为"都是自己的问题"。事实上，**很少有人对别人感兴趣，因为他们只在意自己**。

◎ 那么，应该如何修正"认知扭曲"呢？

说到"认知扭曲"，很多人会对照自己，发现有很多都是与自己相像的，如出一辙。对，**就要意识到自己的认知为何扭曲成这样**。一切都从这里开始。**认知扭曲的人往往意识不到这个事实**。因为对于这样的人来说这早已习以为常了。

客观审视自己的前提下，对照"认知扭曲"进行比较，你就会意识到自己的想法是多么奇怪。

如果想靠自己的能力独自改善时，阅读"认知扭曲"的提倡者**大卫·D.伯恩斯写的《好心情》这本书**或许能给你一些帮助。

书中详细介绍了改善的方法，同时还准备了可以填写的练习题。

但是，精简版也有480多页，如果不是很擅长阅读的人，读起来应该比较困难。

如果想在他人的帮助下改善时，最好找一位专业的心理咨询师。**"认知行为疗法"** 就是治疗方法之一。

唯一的缺点就是成本高，为了避免走弯路，找一位专业的心理咨询师是最安全的选择。完全靠自己的能力改善，很容易陷入困境，导致无法自拔。

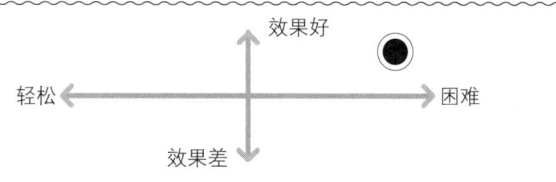

战胜抑郁

一张图表了解治愈抑郁的各种方法

停止与他人比较

18

效果好
轻松 ←→ 困难
效果差

【效果】　　★★★★☆
【难易度】　★★☆☆☆
【推荐级别】★★★★★

【优点】
能够做到自我肯定

【缺点】
进取心可能会减退

◎ 就算拿自己和他人作比较，信息量也太少了

在信息量不足的情况下，拿自己和他人作比较，绝对是不可能的事。为什么这么说呢？

因为我们只能在对方信息不足的情况下做出判断，所以出现低估或高估的可能性非常高。

不是我自卖自夸，有人曾经对我说："星野良辅先生这么有才，即使患有抑郁症也能独自撑起一片天呢"。但是，他会这样说，是因为只看到了"当前的我"的样子。

因为我是一个博主，就从"文章"来看，可以说没有什么特殊的才能。上学时，我的语文成绩根本谈不上优秀。

遇到"请描述一下作者的心情"这种问题，我心想"真懒得写啊，但是截稿日期迫在眉睫，又不得不快马加鞭地写出来……"我当时就是这样一个性情乖僻的学生。

这个话题暂且不提，我之所以能作为心理健康类博主在网络上小有名气，我认为主要有以下四个原因。

①相对来说，症状缓解得较快。
②我刚开始发博客的时候，竞争没那么激烈。
③一位知名博主留下评论说真有趣，从此我的名声就传开了。
④坚持更新。

我认为1~3项就是因为我的运气比较好。但是，我认为能够把握住好运气是离不开第4项的。我认识的几位和我差不多同时期开始写博客的心理健康类的博主，现在所剩无几了。这种状况并不局限于心理健康类的博主。

抱着"博客好像挺赚钱"的想法开始的博主几个月就会被击沉。因为我本身就喜欢发表我的日常，所以即使是不赚钱的时期，我依然坚持了下来。

在不了解这种背景的情况下，他们只知道着眼于比自己优秀（看似更优秀）的部分。虽然每个人都会付出相应的努力，但由于时代的变迁，或是碰巧运气好，这样的事情还是时有发生的。

相反，我还认识那些比别人付出数十倍，甚至数百倍的努力，却一无所获的人。

市面上有很多类似于"这就是事业成功的秘诀！"这样的书，但几乎都没有可复制性。

正因为是作者他本人，在当时的那个年代，且是"碰巧"顺风顺水罢了。我想大多数的人都是这样的吧。真的是偶然，就是碰运气。

希望大家记住的是，虽说是偶然的运气造就的成功，但也绝不能随便做。他们在不断地进行假设和验证的同时，行动力也是强于其他人的。可称为高质量的"数击即中"战术。

总之，当我们与他人进行比较时，往往看不到本质的东西。

能做比较的本来应该仅是可数字化的东西。"谁的身高更高？""谁的体重更重？"类似于这种是可以作比较的。

"谁的层次更高？"就好比"哪个男人更亲切？"一样没有可比性。

◎ 如果一直拿自己和他人作比较，就会激活完美主义，从而变得不再认可自己

假设你是一名销售人员，上个月的销售额是45万日元，取得了不错的业绩，事业正在稳步成长。

午休时间，听见有人在议论："听说A上个月的销售额达到了50万日元呢，真厉害啊！"

不甘示弱的你，为了赶超A，把自己的销售目标额设定为60万日元。

乍一看，工作动力十足，但我认为这是**不健全人格的表现**。

你已经取得了丰硕的业绩，而且在稳步成长，但遇到竞争对手之后，燃起了斗争精神，却把自己的成果忘得一干二净。

人有被表扬的欲望，又因没人表扬而饱受"饥饿"之苦。

人都是一样的，都想受到表扬，却得不到任何人的表扬。

还是先自己表扬一下自己吧。

另外，"我一定要超过A！"这样看似动力十足的动机，从心理方面讲是不好的。那我们接着假想一下赶超失败的情况。

想都不用想，肯定是很失落啊……一般抑郁症患者的受害者倾向比较强，所以可能大多数的人都会这么想"我真没用啊……"

说点题外话，**失败的结果和你自身的价值是没有任何关系的，可以适当做一下不把这两件事情混为一谈的练习。**

在找工作期间，如果被一家公司拒绝，只能说明你和企业招聘的岗位不符，并不是说你的人品差或者是层次低。

那我们再试想一下成功赶超A的情况。应该对自己获胜有很大的优越感吧，或许会有点负罪感，但一定会认为自己比A优秀多了。

那么，这种自信心来自哪里呢？是的，就是通过超越A获得的自信心。这种想法真的很危险，后续会出现"B、C、D、E、F……"如果你**"不继续赢"**，那你的自信就会**消失得无影无踪。**

这种"有附加条件的自信"会把你的精神逼入绝境。当你打败了A之后，你会想着继续面对下一个竞争对手B，什么时候是个头呢。

"如果这次输给了B，会重新回到原点……我绝对不能输给他……绝对不会输的……"

我们并不是肩负着国家荣誉而战的运动员。即使输了也不需要负任何责任（当然，运动员们也不需要负责任）。

是你自己给自己过度增加负担，造成了"输了就完了"的局面。这可能对一部分人是适用的，但对于曾经有过心理阴影的人来说，可能是一种过于严苛的想法。

目前，我在家办公，当我感觉"今天工作效率不错……"时，说明我没有那么焦虑。只要我以放松的心态坐在计算机前，我就不会那么焦虑了。

为了保持我放松的状态，我不会与任何人作比较。你有你的价值，我也有我的价值。

◎ 不要拿别人的指标衡量一个人的价值观

每个人都希望自己是一个优秀的人，所以习惯性地总和他人作比较，如"谁更厉害？谁更差？"，已成了习以为常的事情。

· 谁的考试成绩高？

- 谁的年收入更高？
- 谁的社交网络粉丝数更多？

这不就是空中楼阁嘛。这比大家想象的还要空虚，很容易被瓦解的。例如，当今这个年代，只要关注你的粉丝足够多，你的工作就不会丢，吃饱穿暖应该不成问题。但是，这种技能到了亚马逊腹地就完全派不上用场。在网络上，推特上拥有10万粉丝的那些博主，解决温饱是没有问题的，但如果没有生存技能，恐怕很快就会消失。

考试得高分，并不意味着长大后成为会赚钱的人。即使是高学历的人，也有好多找不到工作的。

年收入高也是同样道理。它只有在日元有价值的状态下才能发挥效力。假设1年后，日元贬值了，有可能最高面值的1万日元纸币变成了1亿日元纸币。照这么说，年收入1000万日元的人岂不成了一个穷光蛋。所以说，人的价值，不是由"人类制定的指标"来决定的。

例如，你考砸了、年收入低、粉丝少，但对于一直支持你的家人和朋友来说都不是什么大事儿。

人的价值是无法用数字表示的。如果用数字衡量一个人，是看不到其本质的。

◎ 真正的幸福来自我们自身

幸福并不存在于与他人的比较中。这是一种幻想，除非你按照自己设定的标准不断战胜别人，否则你是无法感受到幸福的。

感受不到幸福是何等痛苦的事情啊！

让我感到幸福的事情有很多，尤其是下面的这三件事。

- 读书。
- 发博文。
- 陪宠物玩耍。

这些不会涉及与他人的竞争。**正因为没有竞争，才能够愉快地享受其中。**

只要你拥有属于自己的幸福标准，即使在竞争激烈的社会，你也能承受种种压力。因为，你已经拥有了"幸福标准盾牌"的保护。

战胜抑郁

一张图表了解治愈抑郁的各种方法

理解者的存在

19

效果好 ●

轻松 ←→ 困难

效果差

【效果】　　　★★★★★
【难易度】　　★☆☆☆☆
【推荐级别】　★★★★★

【优点】	【缺点】
能成为精神依靠	还没发现

◎ 理解者的存在有着重要意义

抑郁症已成为人人皆知的疾病。那么，抑郁症究竟有多痛苦，没有经历过的人是不会懂的。

抑郁症有很多种类型，从抑郁症患者那里得知的症状也是千差万别。但是"患抑郁症的人得不到别人的理解……"在这一点上确实达成了共识（虽然不是什么好事）。

所以说，有一个能够理解自己的人是相当鼓舞人心的。**被理解也意味着有自己的容身之处。**

好多人劝说"好好休息"，但是似乎休息好了，其实和没休息没什么两样，这是因为你的心一直没有得到休息。

例如，你的抑郁症复发了，于是到父母那里疗养一些日子。即使你们没有断绝亲子关系，但只要精神上与父母产生了距离，那么待在一起也会很别扭。另外，也没有自己被体谅和被理解的感觉。

你会因发愁"他们到底是怎么看待我的？"而陷入不安，在这种氛围下，心理是得不到休息的。

◎ 被理解在真正意义上是很难的

令人遗憾的是，我认为这个世界上不存在能够真正理解抑郁症的正常人。

举个例子，我没有经历过骨折，看到那些腿上打着石膏、拄着拐杖的人，即使能想象得到他们承受的痛苦，但却无法做到感同身受。

可想而知我的想象是多么"离谱"。**人啊，自己没有经历过，就不会懂他人的痛**。同样，"没有患过抑郁症的人"是不会理解抑郁症患者的苦的。

再次提醒大家的是，不是说同样患有抑郁症，就可以相互理解。即使是同一种病，但最终还是他人。

那么，"被理解"是怎样的一种感受呢？

从本质上讲，无论是对抑郁症患者还是对他人，我们都无法做到完全理解，在这个大前提下，说服自己接受"不能要求他人全都理解，能够理解一小部分就很满足了！"这种心态是至关重要的。

针对我的情况，我认为我的父母特别理解抑郁症患者的感受。但是，如果把我换成另一个人，让他来评价一下这个家庭"是否属于理解抑郁症患者的家庭"，老实说，我心里真的没有底。

妈妈有时会对我说："到外面走一走是不是好一些？"就这么一句好心劝说，有些人是不会领情的，反而会埋怨："这个人一点儿都不懂我。一点儿都不懂得体谅。"

当然，根据抑郁症症状的不同，"被理解（感受）程度"会发生变化。很多人认为理解是绝对性的，但是我认为理解是与自己的感受相对的。

- 自己所处的环境。
- 当前的抑郁症症状。
- 对方的性格。

我们只不过是将各种因素综合在一起,做出了"理解/不理解"的判断而已。

例如,最容易理解的是抑郁症的症状。**在状态不好的时候,容易产生被害妄想症,即使受到百般呵护,却偏执地不知道领情。**

理解不是绝对性,理解是根据环境、对方及自身的状态相对变化的,能理解这一点,就可以宽容待人了。

◎ 爱情的力量是极大的

我上大学二年级的时候交了一个女朋友,写这本书时我们已经相处9年了。我和她是在一个社团活动相遇的,是我对她一见钟情,强行让她加入了社团。当时我是非常抗拒女性的,虽然是曾经尴尬的黑历史,但是我非常感谢当时强势追求女友的自己。在我接触过的正常人中,我认为她是最了解抑郁症的一个。

我说的是"关于我的抑郁症"。她是否也理解除我以外的抑郁症患者,我就不清楚了。说到这里,有些人会认为"她像圣人一样高尚吗?和一个抑郁症患者交往,真的不容易呢",其实是误解了。我觉得我们和普通的情侣没什么不一样,是很正常的交往模式。

重要的是,不管怎样都离不开良好的沟通。开始交往后,大多数的情侣都会因意见不合而吵架,甚至因为嫌麻烦直接提出分手,这都是比较常见的现象。

实际上,只要双方坐下来好好谈谈,都是能够相互体谅的。例如,"这就是抑郁症症状吧!"这种话题也是如此。现在,我们偶尔还会大吵一架呢。虽说99.9%的情况都是我不对……

我已成为妥妥的"妻管严"。如果不出意外的话,我们将携手步入婚姻的殿堂。

◎ 抑郁严重时,最好不要见面

这取决于抑郁症的类型,不只是我,已经开始谈恋爱的情侣都有必要了解一下。

抑郁症一旦严重起来,干什么事情都提不起兴趣。

可悲的是，当强烈的抑郁来袭时，只有本书中写的"抗抑郁药"和"睡觉"能起到作用。这个时期，会对所有的事物失去兴趣。甚至对恋人的爱，野性的性欲也都会消失。

包括当事者在内的，缺乏抑郁症相关知识的人，一旦陷入这种状态，就会有"我是不是不喜欢对方了？"的错觉。

说实话，我也有过这样的经历。别说我对女朋友没感觉了，就连主动联系她这件事也成了累赘。

当时，我没认为这是抑郁症引发的情感，而是断定这段感情就这么结束了。

这时候，我们相处已经快5年了，说不好听的，也到了喜新厌旧的时期。最终，我们还是分手了。

不知时机是好是坏，大概过了两周后，我从抑郁的深渊中走了出来。

当时，我反应过来自己竟然做出了如此荒唐的事，失落极了。我马上联系了她，说明那都是抑郁症惹的祸，不断地向她赔礼道歉。后来，得到了她的原谅，我们一直牵手走到了现在。

那之后，我发现我的症状有所加重时，我就主动向她解释"不好意思啊，症状加重了，等我恢复了之后再联系你"，就这样，我们偶尔会中止联系一个月。

在对对方失去感觉的状态下联系对方，只能敷衍了事，虽说距离会影响感情，但从最终结果来看，这种做法还是比较安全的。

如果因距离原因，对方离开了你，那你可以认为你们的缘分已到此，坦然放手就可以了。

◎ 要不要公开自己的病情？

很多人在是否公开自己的病情这件事上犹豫不决，我认为还是**把自己是抑郁症患者的事情告诉对方**。

如果病情恶化或者是复发，想隐瞒下去是不可能的。因为你的情绪会突然一落千丈，恋人一定会起戒备心。如果你不搭理对方，对方会误认为"是不是不喜欢我了？"

还是如实地告知对方自己的病情吧。

当然，表白之后的不安心情我也是能理解的。

但是，如果对方无法接受抑郁症，那么就没有必要和这样的人交往了。这个应该不用我说，就应该马上分手。不管通过怎样的途径，**如果不提前公开，很难维持长期的良好关系。**

如果是朋友关系，推荐公开。但也并非绝对。

因为，有些朋友毕竟不是经常见面、联系的关系（取决于交往方式）。

至于亲人、恋人等，需要长期共处的人，还是告诉他们吧。我一直在反复强调，一旦症状严重，肯定会暴露的。

第二章
效果好 难度高 _ 133

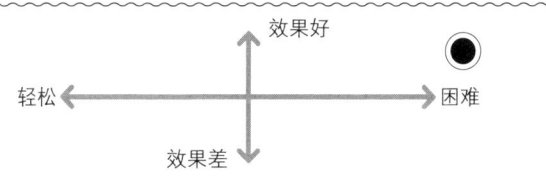

自我理解

20

效果好 ←→ 困难
轻松 ← → 困难
效果差

【效果】　　★★★★☆
【难易度】　★☆☆☆☆
【推荐级别】★★★★★

【优点】　　　　　　　　　【缺点】
了解自己的生存之道　　　　哲学性过强，容易变得悲观

◎ 每个人都有自己喜欢的事物和兴趣爱好

在抑郁症的治疗过程中，尽量多做自己喜欢的事情——我在这本书中反复提了这个建议，那么，对于那些不知道自己喜欢什么的人群，应该怎么办呢？

我认为提这种问题的人本身就是一个问题。**人人都有自己喜欢的事情**。只是你忘记了而已。

我小时候特别喜欢玩游戏。妈妈经常过来提醒我说："别没完没了地打游戏啊，赶紧去学习。"我当时就是不听劝。

我的一些朋友对我说："其实我特别喜欢打游戏，就是怕爸爸妈妈生气，所以就不玩了。"

像这样，**自己的兴趣爱好一旦被打压，长大后就不记得自己都喜欢些什么了**。

有的人为了发掘自己的兴趣爱好，做了各种尝试，但还是没找到特别喜欢的。

当然是这种结果了。因为你真正喜欢的就是打游戏嘛。就是因为小时候被家长抑制惯了，都不会往"自己是不是喜欢打游戏？"这方面想了。

再举一个事例。我上小学时，因为脸上的黑痣总被同学欺负。现在想起来可能只是"捉弄的程度"而已，我却深信这就是"欺负"。

其实被捉弄的原因是脸上的黑痣，但我一直认为自己是不擅长与人打交道的类型,所以我觉得还是和人保持表面关系比较好。因为交往得深了,人就会背叛你。

我得了抑郁症之后,我的一位心理咨询师是这么跟我说的。

"星野良辅先生,你认为自己的沟通水平差,但是在我看来一点儿都不差啊,我反倒觉得你很擅长沟通呢……"

实际上,除了心理咨询师以外,很多人都跟我说过同样的话。

"你自己说你的沟通能力差,我不那么认为啊!"

当时,我根本就不信。自从找心理咨询师咨询之后,我相信了。我还不确信自己在沟通方面是否出类拔萃,但也不是很差劲的那种,这一点应该没错。

这是我自己压制自己的事例,我想大家应该都有类似的经历吧。

- 来自别人的压制(受父母或老师的影响极大)。
- 自我压抑(多愁善感的时期多发)。

我觉得为了找出压抑,最好一遇到感兴趣的事情就马上出手尝试。这时,一定要摒弃先入为主的观念。

"我一直认为我讨厌这个食物,试吃了之后感觉好吃极了",像这样,在你讨厌的事物中,或许会有你喜欢的呢。

◎ 建议主动创造自发性的"独处的时间"

为了见识自己不了解的世界、接触自己想象不到的价值观，应该怎么做呢？

- 增加与人见面的机会。
- 接触艺术。

这些方法可以作为参考，因为基本都需要外出，可能对于有些人来说是难度比较高的尝试。

如果条件不允许，无法外出，那只能在家读书了。**通过读书增强自己的价值观也是不错的选择**。与此同时，还可以给自己**创造独处的时间**。

自己主动选择的孤独和被社会排挤造成的孤独感有着天壤之别。我认为，**为了直面自己，独处的时间是必不可少的**。

即使在接受心理疏导，也需要整理思绪的时间，所以创造独处的时间是非常有必要的。

如今，抑郁症的发病率及自杀率一直在上升，我认为这与社会环境的变化有很大的关系。与此同时，独处时间的减少是不是也是原因之一呢。

如果使用社交网络的方法不对，就会在无意识中承受必须与他人保持联系的压力。即使想要放松，手机会不断地发出提示音，手机静音时还会震动提醒。

虽然想让自己彻底远离手机，但是做不到啊。因为我们生活在一个手机成瘾的社会，这已是很普遍的社会现象。

- 收到信息之后，要及时回复。
- 是不是有错过的消息。
- 不及时浏览最新信息，可能会被社会淘汰。

其实，**这些都是"幻想"**。我目前专注于投稿，虽然一直离不开社交平台，但很少与别人互动。因为这样我才能放松心情专心写稿。

说真的，刚开始还是比较担心的，心想会不会被粉丝遗忘。后来才知道这是"幻想"。**即使我改变了一贯的做法，但生活方面没有发生任何变化**。虽然有些小失望吧。

最近，我在睡前的1~2小时远离电子产品。这是专门为自己创造独处的时间定的规则。**即使只有一个小时也可以，有了独处的时间，精神状态会稳定很多**。

直到睡着手机还不离手的朋友们，建议你们试试这个方法。刚开始肯定很难做到。10分钟不碰手机，恐怕你也坚持不下来吧……

◎ 小心陷入过于哲学化的思考而无法自拔

留给自己独处和坦然面对自己的时间后，不知不觉中会变成哲学性思考。这对喜欢哲学的人来讲虽然无所谓，但对于并不喜欢哲学的人来讲，往往会转向负面思考。

"这么痛苦，活着还有什么意义？"像这样，**陷入这种没有答案的问题中无法自拔**。这样的问题，哪有什么答案呢？

我们随意地出生在这个世上，又随意地死去。实际上，并没有什么生存的目的或使命。从生物的大层面上思考，或许有着繁衍子孙后代的使命吧。

如果没有人赋予你任何使命或目的，你完全可以自己做主。我给自己定下的使命是，追求和传播最佳的生活理念。

这不是受人之托，是我自己决定的使命。对于生活的意义和目的，就是自己说了算。

之所以产生这个想法，是因为我在独处的时间坦然地面对了自己，加深了对自我的理解。

因为工作关系，平时有很多机会了解别人的想法，也有很多面谈的机会，**对于那些每天都开心得不得了的人来说，"喜欢的事情"已成为他们的生活核心**。

而且，我发现每个人都是不完美、不平衡的。他们不是为了改善自己薄弱的地方，而是通过用自己的优势与别人的劣势比较获得优越感，并继续发展自己的优势。

同时，因为他们有出色的自我认知能力，所以，他们对自己的发展方向也是相当明确的。

如今的日本是一个选择性多的国度，然而，很多人都会感到迷茫，不知道自己应该干什么，自己究竟喜欢做什么。

随着网络的发展，可以收集大量的建议是一件好事，与此同时，因为选择性过多，会给那些没有主见的人造成混乱。

这样的人，**如果能加深对自己的理解，就能把握住自己的核心竞争力。**

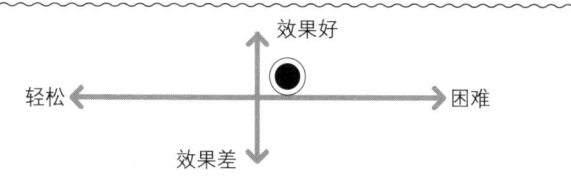

战胜抑郁

一张图表了解治愈抑郁的各种方法

设定目标

21

效果好 ← 轻松 / 困难 → 效果差

【效果】　　　★★★☆☆
【难易度】　　★★★☆☆
【推荐级别】　★★★☆☆

【优点】	【缺点】
保持积极向上的心态	可能会被理想中的自己摧毁,具有危险性

◎ 请相信自己是觉悟非常高的人

我想提前提醒大家的是，**设定目标，会给心理造成巨大的压力**。

有目标才会有动力，这一点是无可厚非的，但是，即使处于稳定期，对压力还是比较敏感的，也有些人还会处于被目标摧毁的边缘。所以，在设定目标时，一定要考虑到这一点。

就我个人而言，我会根据我的精神状态，采取"特意不设定目标"的方针，这一点，在后面我会讲到。所以，这一部分内容希望大家仅作为"辅助参考"去阅读。

◎ 设定3个目标

- 最高目标。
- 可妥协目标。
- 最低目标。

我一直给自己设定这3个目标。

举一个"每日散步"的例子来说明一下。

- 最高目标：坚持每天散步。
- 妥协目标：每周至少散步3次。
- 最低目标：每周至少散步1次。

将"最高目标"设定为不全力以赴就不可能实现的界限上。达成之后，必须好好表扬自己。

明确地说"每天跑步"是几乎不可能的事，所以不要把它作为梦幻般的目标，这一点一定要注意。

将"妥协目标"设定为结合当前的身体状态，需稍微努力就能达成的界限上。"这个嘛……应该没问题……我是不是很棒呢"，能这样表扬自己的程度就可以。

妥协目标可以随着症状和身体状态调整。以"妥协目标"为基准，容易把最低目标和最高目标结合起来，所以建议奔着妥协目标努力。

最后是**"最低目标"。这个目标是即使没有一点动力也可以达成的界限**。人的精神状态不是一成不变的。有身体不好的时候，也会有没有干劲儿的时候。**如果再加上患有抑郁症，身体状况的稳定性会急剧下降**。我认为，设定目标时，设定"最低目标"是必不可少的。

◎ 脱离现实的目标容易受到挫折，所以要谨慎

前面也稍微提到过，设定一个超乎自己能力范围的目标是不可取的。对于我们（尤其是患有抑郁症的人群）来说本来心理就很脆弱，如果目标设定得太高，很容易被击溃。

我想每个人都阅读过自我启发类的书籍吧。为了成功要有积极思考的精神，要树立远大的目标，坚信自己肯定可以做到。

当然，如果坚信可以做到并付诸行动的话，会收获很好的结果。

但是，**抑郁症症患者中，自虐型的患者居多，往往对自己的未来不抱有任何希望**。总之是比较悲观的。

假设有一个对未来充满希望且乐观的A，还有一个是对未来充满绝望且精神颓废的B，你觉得谁实现目标的概率更高呢？我想这个问题不用我多说了吧。

我并不是一个从根本上否定自我启发类书籍的人。相反，患上抑郁症之后，我体会到了人类主观臆断、自以为是的强烈程度和带来的后果，所以，我认为自我启发类书籍中经常出现的关于潜意识的故事，"可能是存在的"。心心念念吸引来的好事虽然很少，但吸引来的不好的事情却是要多少有多少。

一个人在抑郁的状态下，本质上是消极的，所以在自我

启发之前需要恢复到良好的精神状态，在此之前，自我启发方面不顺利是正常的事情。

◎ "不设定目标"也可以

前面的确说过"一定要设定目标！"但是我还想说，**不设定目标的想法也没有错**。每当我精神紧张的时候，我就会转换到这种思维。

其实不用特意强调大家也都清楚，明天会发生什么谁都无法预料。那转变的速度要比你想象的快得多，能理解吗？举一个特别容易懂的例子，"智能手机"。

根据日本总务省实施的"平成28年信息通信媒体利用时间和信息行动相关调查"，智能手机的使用率为71.3%。将范围缩小到30~40岁的人群，使用率则为92.1%。[27]

通过调查数据可知，没有智能手机的用户已经很少了。这个数据其实都不算惊奇。

街道上一边看手机一边走路的人随处可见。

然而，你还记得智能手机是什么时候出现的吗？是2007年6月。这只不过是十多年前的事。

直到如今，没有智能手机的日子，我想都不敢想。但回到十多年前，根本就没有智能手机这种东西啊。

通过这么一回忆，是不是觉得世界发展的速度超乎你的想象呢。我预想，未来10年的发展速度会更加快。

有人说，AI（人工智能）、VR（虚拟现实）、虚拟货币等，世界会发生爆炸性的变化，且比互联网刚出现时的变化还要剧烈。未来的5年时间里究竟会发生什么，真的难以预料。

2018年，日本提出了"工作方案改革"，重新审视工作方案的改革正在加速进行着。

但是，到了2028年的日本，或许有人会笑话"啊？那个年代的人还在上班呢？"（虽然还很遥远……）

社会发展速度如此惊人，连一年后的样子都是不透明的，所以最好把精力集中在当下应该做的事情上，这种想法也是可取的。

5年后，你设定的目标可能就过时了，这种可能性不是没有。

不管怎样，相比"只要定下来就不再改的目标"这种草率的决定，不如设定一个可以灵活调整的目标，保持良好的心态去实现目标。

战胜抑郁

146 _ 一张图表了解治愈抑郁的各种方法

简化思考

22

效果好 ●

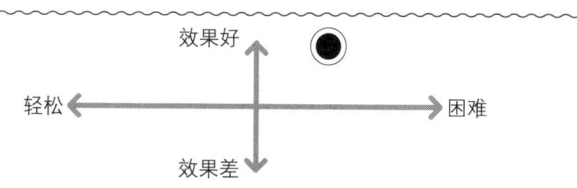

轻松 ←——————→ 困难

效果差

【效果】　　　★★★★★
【难易度】　　★★★☆☆
【推荐级别】　★★★★★

【优点】	【缺点】
容易看到事物的本质	有难度

◎ 之所以收敛不了焦虑情绪，是因为想得太复杂了

抑郁症症状严重时，会被莫名其妙的烦恼困扰，身体状态稍微好转了，立马又变成有理由的困扰了。

一旦有了烦恼，就会浮现"那是""但是""可能是这样……"等各种理由，衍生出像从树上分支出来的不计其数的枝条一样多的烦恼。

然而，实际写出来之后，发现竟是可能性极低的话题。**在焦虑情绪强烈且视野变窄的情况下，觉得什么事情都可能发生，实际上却几乎都不会发生。**

前面提过"担心的事情中，有九成是不会发生的"，我认为这是真的。我确信这一点的原因是我亲身经历过。我把所有担心的事情都记录了下来，后来翻看时发现，我所担心的事情几乎都没有发生。

而且，那一成发生的事情，基本都是没什么大不了的事情。

实际上，我们在处理发生的事件时是很谨慎的。但是，**面对不可预知的事情时，总会感到不安，甚至会内心崩溃。**无形中将头脑中浮现的虚幻的现实自我放大。

◎ 成为一个"精要主义者"

精要主义是合理分配有限的时间和精力，去追求"更少，但更好"的思维模式。

总的来说，健康的人为了更好地发挥能力，应该学习这种思维模式。我把这种思维模式应用到了抑郁症治疗方面。

得了抑郁症之后，无论是精力还是体力都会骤减。并且恢复得比较慢。就像用了两年的手机，充电功能失灵的那种感觉吧。

不得不长时间充电，有时一拨下充电器，立马又没电了。

所以，如果你开启了多个应用程序"哪个应用都想打开看看"时，电池会消耗得更快。这就是"非精要思维"。

"必须要做""哪个都很重要""全部都能做"——这三句台词，仿佛传说中的妖女一样，巧妙地诱惑人们陷入非精要思维的陷阱。

为了掌握精要思维，必须舍弃以上三个骗局，用下面三个事实代替。

不是"必须要做"，而是"决定要做"。

不是"哪个都很重要"，而是"几乎没有什么特别重要的事情"。

不是"全部都能做"，而是"虽然都会做，但不需要都做"。[28]

我刚得抑郁症的时候,也是偏向于"非精要思维"。

- 必须把抑郁症治好。
- 运动也必须做。
- 必须要开始工作了。
- 干什么都要追求完美。

"认知扭曲"再加上完美思维,我认为做任何事情都必须做到完美。但是,现在回想起来,我觉得那是一种非常低效的生活方式。

首要任务应该是专注于治疗。工作的话,停几年也无妨。有些人可能会有生活费方面的困扰,如果可以依靠父母的,就毫不犹豫地直接找父母去吧。

投靠父母并不是什么坏事,抑郁症也是一种病啊。

无论怎样,首先要专注于治疗,这才是回归社会的最有效途径。

得了抑郁症的人,都会变成完美主义思维,所以他们往往都急于求成,凡事都想一步到位。

抑郁症是需要慢慢恢复的。只要你不急于求成,耐心地等待好转,从结果上来看,治愈的速度是最快的。因为,放松心情才有助于恢复。

我曾经因为着急上班,反倒使病情加重了。**后来,我改变了我的想法,决定不求痊愈,先把缓解症状放在了首**

要位置。

当时我决定竭尽全力做好以下三件事。

①必须坚持吃药。
②优先做让我快乐的事情。
③缩短午睡时间。

"让我快乐的事情"在某种意义上是一种逃避。一直安静地躺在床上,浮现在脑海中的竟是对过去的遗憾和对未来的焦虑。就像推波助澜的浪潮,被无尽的思潮吞没。

当我思考如何才能阻断这种思潮时,想出来的就是逃避现实。

对我来说,逃避现实的方法就是读书、打游戏、看漫画和动画片。在抑郁症急性期的黑暗时期,或许没余力去享受快乐,但只要有一点乐趣,就应该优先去做。

照这样做的话,**无论是生活还是头脑都会变得"简单",恢复速度会明显加快。**

◎ "压力小"比什么都重要

"在治疗抑郁症的过程中,最重要的事情是什么?"

如果有人问我这个问题，我会回答："**让自己的生活零压力。**"

对于人类来说，压力是必要的，然而人类还具有将感受到的压力放大100倍的特殊能力。

我想精神科医生加藤忠史先生的下面这句话，可以说明我们对压力的感受性到底有多强。[29]

"抑郁症是由'对压力的感受性'和'压力'的相互作用引起的疾病。"

简化思考就能减少自己每天的任务量，也就不容易产生压力。我认为，如果遇到压力的机会减少，对压力的感受能力也会随之减弱。

总的来说，简化思考具有降低应激感受性的作用。

约平时不常见的朋友见面

23

效果好 ↑
轻松 ←————————●————→ 困难
效果差 ↓

【效果】　　★★★★☆
【难易度】　★★☆☆☆
【推荐级别】★★★★☆

【优点】
丰富价值观和世界观

【缺点】
高风险·高回报

◎ 与价值观不同的人交谈，能让人成长

我得了抑郁症之后，就辞掉了工作，现在是一名自由职业者。自由职业者无论好坏都是个性派的集合。他们不成群结队，各有各的坚持。

说实话虽然也有麻烦的一面，但是因为其独特的价值观，能学到的东西真的很多。

当我还是公司职员的时候，聚在一起的人的价值观基本一致，连聊天的内容都么相近。

其实，这样也挺愉快的，但是总觉得能学到的东西太少了。

当离开自己所在的公司，就能发现很多自己所学的东西只能在自己的公司里发挥作用。

如果周末参加学习交流会，或是在社交网络上积极发布信息的话，就另当别论了。

实际上，为了消除上班的疲劳，利用周末的时间一直赖床的人，应该很多吧。

如果是一名自由职业者的话，每次都是以去玩的心态结识工作上的朋友，没有那么认真工作的感觉。自由职业者的**人际关系是在没有压力的环境下建立起来的，其价值观也是多种多样**。这是一个很有意思的圈子。

价值观是可以通过读书塑造的，**而实际面对面聊天获取

的信息质量又不一样。

所以，他们的有效结合是最有利于成长的。

◎ 建议与在网上结识的网友见面

当然，不建议与完全没有进行信息交换的网友见面。因为你不知道对方是怎样的人。

社交网络是一个充满感情的世界，所以我认为很难弄虚作假。

即使伪装得再好，在受到攻击时一定会暴露出本性。想要了解对方是怎样的人，看一下对方在社交网络上发布的内容，大致就能想象得到是怎样的人了。

当然，过度相信是很危险的事情，仅作为参考还是可以的。看关注的人发布的信息，就相当于看他的日记，所以我认为应该能做到精确分析。以我的经验，"通过社交网络上的内容判断此人没问题"的，没有一个看错的。

都说和网上认识的网友见面是一件很危险的事情，而**我却认为现实生活中认识的人才危险呢**。因为见了面人们容易无意识间通过对方的神态举止就给对方下定论，逃避分析的环节。

而在网络上，正因为"只能看见对方留下的文字"，才会更加深入观察。所以，我认为网友要比现实中认识的朋友安全。

◎ 高风险·高回报，需谨慎对待

通过扩大价值观、开阔视野，可以减少压力。

当然，如果与平时不怎么接触的人见面，多少会感受到一些压力。而对于患有抑郁症的人来说，压力就高出 10 倍以上。

有时难免会遇到不懂得体谅抑郁症的人，所以，可能聊上几句就会受到心理创伤。

这就是高风险·高回报的体现吧！

通过改善抑郁状态，可以达到降低风险的目的。无论什么情况，请在精神科医生的建议下推进。

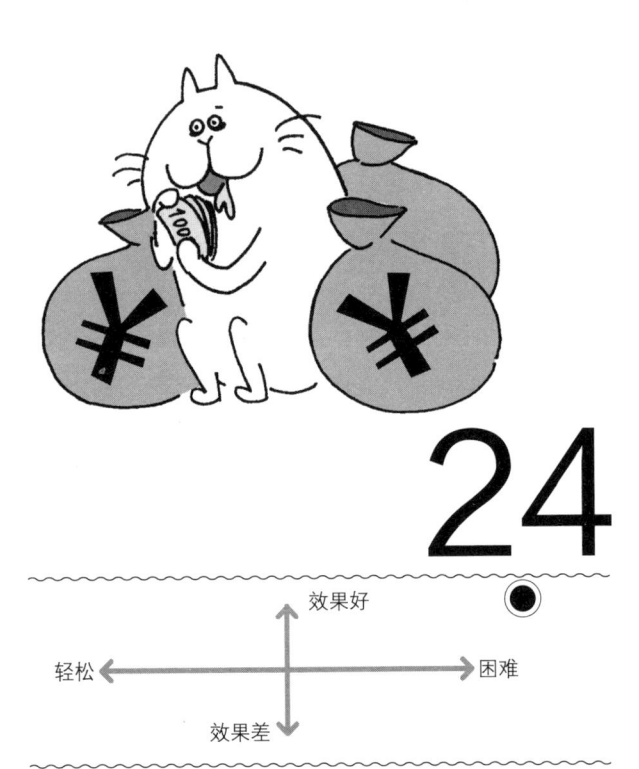

战胜抑郁

156 _ 一张图表了解治愈抑郁的各种方法

金钱

24

效果好 ●
轻松 ← → 困难
效果差

【效果】　　　★★★★★
【难易度】　　★☆☆☆☆
【推荐级别】　★★★★★

【优点】
谁都懂得金钱的魅力

【缺点】
多了反而感到不安

◎ 如果没有钱，就感觉很悲惨……

金钱是必需品。是的，这是大实话。

偶尔会遇到因在社交网络上说"抑郁症可以通过锻炼肌肉治好""用意念治好！"之类的话而引起轩然大波的人，但是没有因"可以用金钱治好"的话题却很少被人热议。

我的"抑郁映射图"在推特上的初印象数据（时间线上显示的浏览次数）突破了400万，也就是说有400多万人在看。

然而，在"可以用金钱治好"的话题上，只收到了一个评论。

我有点记不太清了，唯一能确定的是，留言者是炒股、炒外汇的，他赚到了一生都用不完的钱，但是抑郁症仍没有治好。

通过锻炼肌肉、用意念治好抑郁症的案例微乎其微，那些治好的患者究竟是不是因这些原因治好的就更不得而知了。

关于金钱方面应该也是一样的，从金钱中体会的能量可能超乎你想象。

钱是必要的东西。当想起"我想做点什么！"时，如果受到金钱方面的限制，是一件很可悲的事情。

假设你非常喜欢打游戏。现在有3款新游戏同时发售。

如果有条件的话，你想买下所有的游戏。但是受金钱的限制，你只能选择买一款游戏……

如果金钱方面充裕的话是不是都入手了呢。压力就这样通过一些小事一点点地积累起来。也就是说你想用金钱购买快乐都受到了限制。

况且，得了抑郁症后上不了班，这点压力算不上什么。

能领取补贴的人还好，不能领取的人除了依靠父母以外别无他法。

这是一种疾病，并不是什么羞耻的事情，但很多抑郁症患者都会认为这是一种羞耻的疾病，因此产生罪恶感。

通过网络认识的一位患有抑郁症的先生曾说过："这个月的钱不够用了，我就不去医院了。"

得过抑郁症的人都知道，如果不去医院，是开不出药的，从某种意义上讲，这是提出了"断药一个月宣言"。结果，这位先生的抑郁症越来越严重了。

"健康人口中的没钱"和"抑郁症患者口中的没钱"，完全不是一个概念。

虽说没有上班，没有钱是很正常的……但的确太不容易了。**如果遇到金钱方面的问题，可以享受生活保障制度**，大家可以去了解一下。

◎ 有研究显示，"收取金钱后，抑郁症状有所减轻"

有一篇论文报告指出"利用7个月的时间给予100名患有严重抑郁症的患者金钱方面的支援后，发现抑郁症、焦虑、社会网络、自我认知方面都有了大幅度的改善"。[30]

这项研究报告曾被网络新闻广泛传播，一时成为了热门话题。

"还有这种事情！如果金钱能治好抑郁症，那抑郁症不就是矫情嘛！"

肯定有人会这么想。据作家桥玲说：

近年来，人们对幸福指数进行了各种各样的统计调查，调查结果显示，金钱确实会降低幸福指数。但是，这并不是说"有钱就不会幸福"，而是说"过多考虑金钱会导致不幸"。

但是，这并不是说"金钱不能带来幸福"。按照各种进化论、心理学的理论，获得幸福是非常困难的一件事情，其中最能切实提高幸福指数的方法，还是成为有钱人，实现"经济独立"。

人类感受到的幸福是因人而异的。"这么做你一定会幸福"，很少有人会给你提出这样的建议。虽然效果方面会有些差异，但是多少都能感受得到金钱带来的幸福。金钱并不是魔法般神奇的东西,而是有了钱后,**在工作、娱乐方面有了更多的选择性,就是这么简单**。

"因为没有钱,导致很多自己想做的事情都受限=倍感压力",那么,反过来,只要压力减少,幸福度不就上升了吗?仅仅如此,也算得上切实提升幸福感的方法。至少在某种程度上是这样的。

◎ 健康人的幸福标准和带有心理疾病的人的幸福标准是不同的

"金钱不会让人幸福",听到这句话的病人感觉不对劲,可我认为是再正常不过的事情了。

我在前面也提到过,如果不依赖某种制度,再加上无法上班,就会遇到如下问题。

- 定期治疗的费用。
- 生活费。

仅仅这两项费用就会耗尽你的所有积蓄。即使你在父母家里住,也还是存不上钱。

关着水龙头怎么能接水呢,除非你把水龙头拧开,其实就是这个道理。

于是，不知不觉中，"如果做到这个，我是不是就幸福了"，就这样一下子降低了幸福标准。

健康的人花钱买来的是"奢侈品、高档品"，与此相对，患上心理疾病后买来的就会变成平凡的东西。例如：

- 新的智能手机。
- 新的衣服。
- 喜欢的零食。

然而，治疗费和生活费的大笔花销，已经让你无法承受其他支出。幸福标准的降低，看似容易满足也没什么不好，但通过"认知扭曲"之后，想法就变成了"我现在连一般人能轻松买到的东西都买不了了……是因为我没有上班吧……我真没用……"像这样陷入恶性循环当中。

最糟糕的是，即便是得到了喜欢的东西，喜悦的心情也会转瞬即逝。**幸福的标准虽然降低了，但同时对幸福的感知也变迟钝了，所以感受到的幸福感还是很少。**

我之所以认为"金钱对抑郁症的治疗是有效的"，同时又认为金钱也是使抑郁症恶化的因素，主要也是因为这个理由。

◎ 正因为对金钱充满焦虑，才更认为有了金钱就会幸福

写到这儿，我想对大家说，有钱确实能感受到幸福。但是，金钱也不像绝大多数人所想的那样，可以让你获得"没有任何焦虑"的幸福。

如果说只要有钱就能幸福的话，那么，国外的好多名流得抑郁症甚至自杀这种事应该怎么解释呢。

我不是什么名流，所以这只是我的猜测，我认为一定存在"只有有钱人才有的烦恼"。

我有一个工作上认识的朋友，他就是一个大富翁。他在赚钱方面特别拼，以至于被其他同行排斥，所以他选择住在荒无人烟的地方。

他的住宅被安保设施保护得很严密，一般人是进不去的。他很信任我，所以受他邀请去他家里做客，我当时意识到有钱不完全是好事。幻想一下自己拥有一大笔钱后的样子，那的确能享受很多快乐，但同时也有失去它时的恐惧。

如果你学习金钱的历史就会知道，这只不过是将信用数字化了而已。

即使这样，金钱仍是当今社会生存的必需品。在日本被饿死的可能性虽然很小，但是因没有钱而感到焦虑的程度是超乎你想象的。

我曾经也因抑郁症不得不辞掉工作，经历过穷困潦倒的日子，所以非常理解没有钱的日子是多么痛苦。闲着没事逛网上商城，看到"好想买啊！"的商品时，又想起来"如果买下的话，这个月的生活费就不够了"而放弃购买，这种感觉真是太难受了。

就因为没钱，精神状态就会变得很不稳定。金钱这个东西太多了或太少了都不行。我认为这句话并不仅适用于金钱。

第三章

效果差　轻松

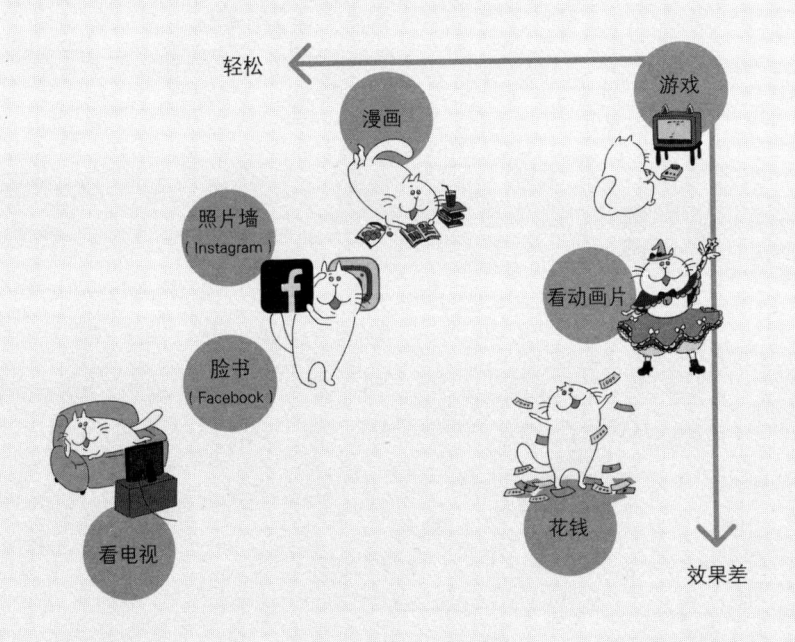

轻松

游戏

漫画

照片墙
(Instagram)

脸书
(Facebook)

看动画片

看电视

花钱

效果差

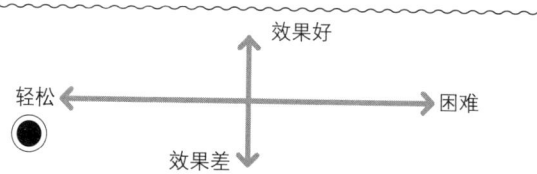

战胜抑郁

一张图表了解治愈抑郁的各种方法

脸书和照片墙

25

- 轻松 ← → 困难
- 效果好 / 效果差

【效果】　　　★★☆☆☆
【难易度】　　★★★★☆
【推荐级别】　★★☆☆☆

【优点】
脸书要求实名制、人脸识别，所以比较放心

【缺点】
照片墙被光鲜亮丽的投稿迷惑得心神不定

◎ 哪一个都不适合"现充"

人们将现实生活充实的人称为"现充"。

脸书和照片墙好像就是专门为"现充"们准备的社交平台，这就是我的感受。

用过脸书的人应该都知道，投稿的内容中醒目的基本都是"和朋友""我们几个人一起""嗨翻了！"这种内容。

照片墙的话，漂亮的照片和炫富的照片比较引人注目。

两者都散发着积极向上的光环。

◎ 照片墙的话，多看看宠物的照片吧

照片墙有一个特别方便的主题标签功能。

就是设置在文字开头部分的"#"符号。

输入"#狗"后进行搜索的话，会显示出大量的狗的照片。看宠物还能心情不好的人是很少见的，所以建议多看看宠物的照片。

在"效果好·轻松"章节中的"爱犬"的部分也提及过，有一项研究报告指出**"有一位高血压患者在饲养宠物后血压下降"**。实际上能与宠物生活在一起是最好的，如果没有那个条件，只是静静地看着宠物"可爱的样子"也是很有效的。

另外，在搜索的过程中，如果遇到某个博主发布的内容令你舒适，那就关注那位博主吧。**照片墙好比自创的杂志**，你关注的博主发布的作品会保存至作品集中。

随着你频繁登录浏览，会给你推送"最适合你看的作品集"，**最好彻彻底底地做到不看讨厌的内容**。明明讨厌却还是忍不住看，那么照片墙平台可能会误以为"这个人喜欢这个类型的内容"而不断地给你推送相似的作品。这就属于骚扰行为了吧……

◎ 至于脸书，真的没什么可说的

正看着这本书的你应该懂吧。嗯……关于脸书，确实没有什么可说的。

除了"现充"的投稿算多外，就是商业方面的投稿比较多。此外，也没有特别有趣的投稿内容，对我来说没什么吸引力。

脸书相比推特和照片墙优秀的点就是**容易构建社交群**。也就是脸书上的"脸书群"这个功能。

例如，脸书上有喜欢写博客的社群。也就这个优点吧……

第三章
效果差 轻松 _ 169

花钱

26

效果好 ↑
轻松 ←——→ 困难
● ↓ 效果差

【效果】　　　★☆☆☆☆
【难易度】　　★★★☆☆
【推荐级别】　★★☆☆☆

【优点】	【缺点】
可缓解短暂性的压力	可能会成为穷光蛋……

◎ 有一种恐惧叫按下购买按钮的快感

对于抑郁症患者来说外出购物比较困难，或者说他们不想外出购物。因此，基本都在网上购物。

我经常……应该说是90%以上的东西在亚马逊上购买。像洗发露这样的生活用品，即使贵一点也会在网上买。买得最多的就属图书了，而且就在"推荐你购买"的书目中选购。通过你的购买记录和浏览记录，被亚马逊识破了"你可能喜欢的东西"。

但是仔细想想，买回来的基本都是没必要的东西。

按下提交订单的按钮时，心情是最爽的，一直持续到开箱的那一瞬间。当我突然想起找以前买的物品时，发现物品上已经落了好厚一层灰。

防止败家的对策就是，不要打开亚马逊！除此之外好像没什么其他好办法了吧……

亚马逊偶尔会搞让人怦然心动的大促销活动，这让我好为难呢！

◎ 东西多了，压力自然会增加

家里放置的东西一旦变多了，空间就会变小，接着就会有一种呼吸困难的感觉。

这时，整理房间会成为动脑动手的好运动。哪里应该整理成什么样？这个东西应该收纳在哪里？等等。

看似简单，其实大扫除是一个体力活。因为是在室内进行的，累了就直接瘫在床上就可以了。大扫除的优点就是可以随时开始，随时结束。

需要注意的是，**即使不擅长整理，也不要责怪自己**。无论是抑郁症患者还是健康的人都会有不擅长整理的人。

◎ 一时冲动购买的物品中，有没有使用到现在的物品呢

其实我没有资格说别人。一时冲动买的东西中，使用至今的东西可能都不到5%。

如果冷静下来思考，应该能知道哪些是必需品哪些是非必需品。但是，直到按下提交订单按钮的瞬间为止，深信着这个东西是必需品，拼命给自己找千万个购买的理由……

我们在购买生活必备品时，还算是冷静的，不会特别冲动。因为，我们知道那是生活中必须用的东西。

但是，如果是"生活中没那么必要，但又想要的东西"，就另当别论了。例如，因为我在家工作，所以特别在

意住宅周边的生活噪声。

对于处于这种工作环境的我来说，需要的东西则是"具有隔音功能的东西"。可以是耳塞，也可以是带有降噪功能的耳机。但是，那些贵得离谱的东西就算了吧。最终，我买了2000日元的耳机，还挺满意的。

但是，在此之前购买过好几款耳机。

- 5000日元的耳机。
- 1000日元的耳机。
- 1万日元的耳机。
- 2万日元的耳机。

像这样，挥霍无度……或许是"反正都是买，为什么不买好的呢"这种心理在作祟。

明明知道并不是多么必要的东西，但就是要高举"这东西必要"的旗帜，给自己挑选更好的东西。也许是我想沉醉于使用好东西时的自己。

正如你所想象的那样，除了最终定下来的2000日元耳机以外，其他耳机的使用率都相当低。

价值1万日元的头戴式耳机，我刚刚才想起来有这么一样东西。

好像是过了半年还是一年吧？……就这样，陷入了极度的自我厌恶之中……

说真的，购物需谨慎啊。弄不好就会被"恶魔"附身。

第三章
效果差 轻松 _ 173

游戏

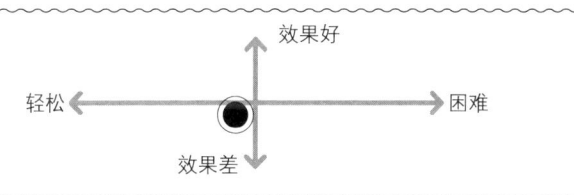

27

效果好
轻松 ← → 困难
效果差

【效果】　　★★★☆☆
【难易度】　★★★☆☆
【推荐级别】★★★★★

【优点】
通关需要花时间，所以性价比较高

【缺点】
容易疲劳

◎ 游戏、漫画、动画片中最推荐的是游戏

我先声明一下,这只是我的观测,没有任何数据支撑,在游戏、漫画、动画片中最推荐的就是游戏。

我推荐游戏的理由是因其**进展的速度相比其他娱乐项目慢**。

漫画的话,读单行本一本的速度是相当快的。动画片的话进展虽然缓慢一些,但30分钟的时间也能进展不少呢。

那么游戏呢?30分钟的时间可能是一节教程的时间,学会了一项操作方法……大概就是这个程度吧?

另外,现在的游戏和以前相比,故事情节没有那么精致。好像更注重操作的愉悦性。

其实,没有故事情节的游戏不计其数。例如,像格斗类的游戏就没有故事性。

创作的世界可以让人远离痛苦的现实,这是特别棒的一件事,**在现实与非现实之间来回穿梭的过程中,心情会大打折扣**。正因如此,相比其他娱乐项目,比较推荐非现实感要素较少的(进展缓慢)游戏。

◎ 不要过度沉迷手机游戏

与游戏机的固有模式不同的是,用智能手机可以24小时

随时随地玩游戏。想玩时，一键启动应用就可以了，太方便了。大部分的游戏是不需要动脑的，都很简单。"趁还有点体力，赶紧玩一会儿吧……"就这样很自然地就打开游戏玩起来了。

想对不了解手机游戏的读者说明一下，在手机游戏中想进入迷宫打倒敌人，需要消耗很大的"体力"。

打游戏的时间虽然取决于游戏的种类，但连续打3个小时，体力必会消耗殆尽。

游戏里恢复体力的方法与人类相同，也就是说需要休息几小时（停止玩游戏）。与现实不同的是，只要花钱，体力就会瞬间恢复。

和恢复体力一样，稀有道具也可以通过花钱获取，所以，**因游戏成瘾花光钱财的人也不少见**（我也有过类似的经历……）。

而就在写这本书的时候，传来了**世界卫生组织将游戏成瘾认定为"精神障碍"**的消息。

因过度玩手机游戏，给日常生活造成不良影响的游戏依赖症，即"游戏障碍"被认定为了国际疾病。2018年6月18日，被世界卫生组织（WHO）添加到第11版《国际疾病分类》（ICD-11）中。[32]

有过抑郁症经历的作家马特·黑格的小说中有这样一段叙述。

在我看来，人类对疯狂下的定义非常暧昧，缺乏一致性。例如，在某个时代是非常正常的事情，而到了另一个时代后就被视为不正常。早期的人类在那个年代赤身裸体行走，没有任何问题。即使到了现在，尤其是在潮湿的热带雨林地区生活的人，也是光着身子生活的。由此，我们不得不得出如下结论，疯狂有时是时代的问题，有时是地区差异的问题。

除了游戏，不管是什么，只要沉溺在某种事情上导致日常生活紊乱，那就是不好的。"游戏障碍"这一标签和"疯狂"的定义一样有时是时代的问题，有时可能是地区差异的问题。

可是，我认为"游戏障碍"的认定是由以下几个理由决定，并不符合时代的发展。

・e-Sports的普及（即，游戏竞技。在国外会举办游戏竞技大会，而且还是有奖金的那种）。

・YouTube和Twitch已成为稳定的实况转播平台。

・与虚拟货币相关联的区块链游戏的兴起。

因为数量关系，就不在此一一列举了……

其实，我想说明的是，**"利用游戏赚钱的环境"已经为你准备好了**。

虽然这是我个人的想法，感觉要比现在的YouTube的发展空间大得多。

棒球俱乐部的男孩之所以不被认定为"棒球依赖症",是因为打棒球被普遍认为是一种健康、健全的运动。

游戏依赖症目前被认为是没有任何生产性的,将来"通过游戏赚钱的环境被普及"之后,或许被世人另眼相看。

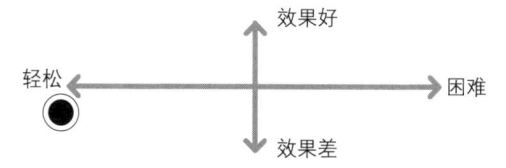

战胜抑郁

178 _ 一张图表了解治愈抑郁的各种方法

漫画

28

轻松 ← → 困难
↑ 效果好
↓ 效果差

【效果】　　　★★☆☆☆
【难易度】　　★★★★☆
【推荐级别】　★★★★★

【优点】	【缺点】
相比游戏和动画片更容易操作	费钱

◎ 最容易操作

相比游戏和动画片，漫画是最容易操作的。哗啦哗啦翻页看就可以了，"启动"的过程只是"翻开书本"这么简单，**无论是开始还是结束，都要比游戏和动画片轻松多了。**

有一个缺点就是需要出门买回来，这个可能有些难度，但现在很流行电子书，不想出门的时候可以购买电子书下载看就可以了。

另外，我个人认为**漫画是富含学习内容的媒体**。一般来说，文章的话大多是作者一个人的看法，但漫画中每个登场人物都各有各的特色。而且，也包含着描写浓烈的人际关系的故事呢。

"我人生中的'圣经'就是漫画啦！"是不是很多人都这么认为的呢？本来就喜欢看纸质书的我，但最近"为了学习"，经常手里捧着漫画书看。

所以，喜欢漫画的朋友们，不要觉得不好意思，如果有喜欢的作品就坚持看吧。

◎ 看漫画比较费钱，这是一个缺点

一本单行本大概是400~500日元，买到完结本，肯定是一笔不少的花销。如果是自己特别喜欢的漫画的话花钱也是值得的，就怕是为了逃避现实或缓解压力盲目地去看，这么做就太不划算了，这算是看漫画的一个不好之处吧。

就我个人而言，虽然喜欢看漫画书，但是觉得太费钱了，所以不敢伸手购买第一卷。

再有就是，在亚马逊销售的Kindle版（电子书）的漫画，有的可以免费试看1~3卷。免费试看的诱惑力超级强，所以想看的一定要稳住哦。

等我回过神来，发现4、5、6卷已下单成功了……

网络平台上的**动漫包月制服务比较完善**，这一点可以帮助忠实用户省一笔钱，对于这个话题，在书的后面部分有说明。

◎ 不要看极端、悲观的作品

虽然没有动画片那样迷人，但也要注意不要被剧情吸引得太深。即使知道是编的，若有"过激抑郁情节设定"的漫画，仍会让你惊心动魄。

不知不觉中，你的双脚会深陷在黑暗的沼泽里。

◎ 推荐阅读"通过漫画了解……"这一系列的书

这一系列的书是专门为"虽然感兴趣,但是读文字略有困难……"的读者准备的。因为**漫画版可以帮助读者快速把握整体内容,可以作为阅读从易到难的过度使用**,这是漫画版的加分项。

- 相对难理解的名著。
- 篇幅长的名著。
- 古典且晦涩难懂。

有上述阅读困扰的读者,推荐阅读漫画版的。

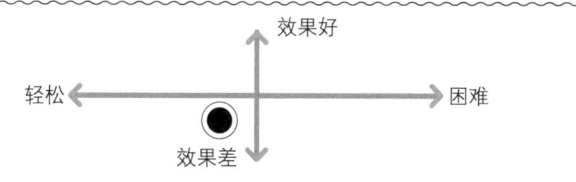

战胜抑郁

一张图表了解治愈抑郁的各种方法

动画片

29

效果好 ← 轻松 → 困难 ↓ 效果差

【效果】　　　★★☆☆☆
【难易度】　　★★★☆☆
【推荐级别】　★★☆☆☆

【优点】	【缺点】
最不烧脑，可逃避现实	一旦着迷，身体就会垮掉

◎ 摆脱超级喜欢的动画片是非常困难的事情

相比游戏和漫画，动画片在视觉、听觉还有故事性方面都有很强的吸引力，很容易让人陷入进去。**动画片的诱惑力是游戏和漫画的数十倍。**

这虽然可以说是动画片的一个优点，但对于抑郁症患者来说就不是优点了，所以，抑郁症患者在看动画片时一定要多注意。

我在患抑郁症期间，看了一部叫《罪恶王冠》的动画片。故事讲述的是一个内心脆弱的主人公对抗强大敌人的爱情故事，是一部戏剧般的人生剧。

在最开始的时候，不知所措且毫无依靠的主人公带着同伴与强敌决一死战。虽然最终不是皆大欢喜……这样的完美结局，但是有着很深的寓意，感兴趣的朋友可以看一下。

呃，如果是抑郁症患者，那最好不要看了。

口头上虽然难以描述清楚，我记得当时就是被主人公和英雄的世界观深深吸引住了。主人公的人设特别幼稚，那个英雄也没看出来多么有魅力。

但是，不知为什么就是被迷住了……这是一部给我留下严重"心理阴影"的电影。

在抑郁状态下，思考能力虽然会有所下降，但是相比漫画和游戏会好理解一些，这是动画片的一个好处也是可怕的一点。戴上耳机就可以让你完全与现实隔离。

如果像VR这样的虚拟现实的技术一旦普及起来，会发生怎样的变化呢，想起来有点可怕呢！

◎ 搞笑类动画片应该是最佳选择

在漫画的章节中也介绍过，看动画片也不能看太刺激的。

尤其是人性色彩浓重的作品，看着会很辛苦。对于像我这样因为工作原因患上抑郁症的人来说，会有重蹈覆辙的可能性，所以，**选择作品时还是慎重一些比较好。**

没有故事性的生活类搞笑动画片，会让人心情愉悦，所以比较推荐观看搞笑类的动画片。在我的印象里，《男高中生的日常》这部动画片很幼稚，但超级有意思。

正如片名，讲的是男高中生的一些无聊的事情，如果是男生，会发现很多共鸣之处。

比较有人气的搞笑动画片中，有一部叫《**银魂**》的作品。

这部作品不是我喜欢的风格，所以没有看到最后，因为片中包含讽刺现实社会的片段，这可能是大多数人觉得有意思的点吧。

其实，搞笑动画片是有趣还是无趣，其界限还是非常清晰的。市面上低俗的动画片简直太多了，找到空子就想插入黄段子。

◎ 订购包月服务比较划算

和漫画一样，动画片也很费钱。去租DVD看的话会稍微便宜一些，但是对于抑郁症患者来说，出一次门是很困难的，所以，很多人就想到了在亚马逊一键订购。

那些动漫爱好者似乎对产品阵容不太满意。**但对于像我一样只是为了逃避现实而看的，且只当作一种娱乐的人来说，无论利用哪种服务都不会感到不满意。**

我一直爱用"Amazon prime video"这个服务。除了动画片，还有很多电影可看，而且我买东西也基本都在亚马逊买，好像已经把我的身心都献给亚马逊了。

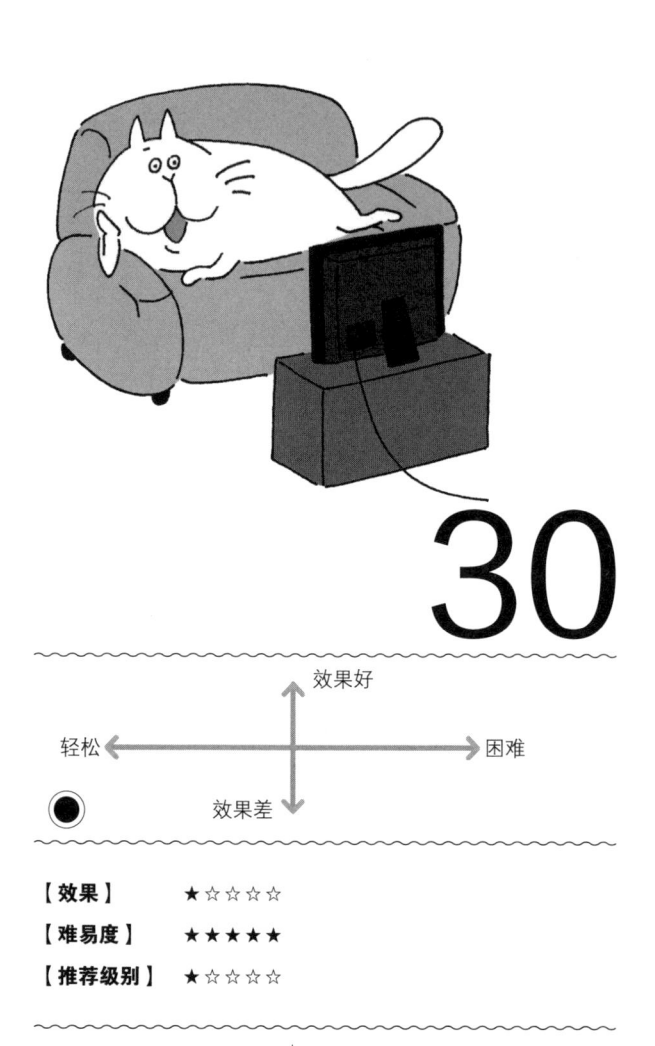

战胜抑郁

一张图表了解治愈抑郁的各种方法

看电视

30

【效果】　　　★☆☆☆☆
【难易度】　　★★★★★
【推荐级别】　★☆☆☆☆

【优点】	【缺点】
可以收集聊天话题	看到负面新闻后容易伤感

◎ 电视上会出现很多负面信息，一定要注意

电视台最重要的目的在于"让更多的人看到"，所以有些电视台会播放很多容易引起轰动的新闻。

例如，哪里出了什么事故、谁出轨了等，连跟我们生活毫无关系的名人的隐私都曝光出来了。按日本民间的谚语说就是"他人的不幸甜如蜜"，不知道是不是怀有这种心理。就是看那些原本风风火火的人跌落到谷底的那种八卦新闻感到愉悦。

然而，**不管是哪里的谁一落千丈，顶替他们位置的又不是我们**。我们只是从中获得了优越感而已，对于自己的人生来说并没有任何改变。

请大家再好好想一想。从贬低他人之中获得快乐，能长久得了吗？那之后不会变得空虚吗？

对于自己来说没有任何变化的这一事实，大家应该都有所体会吧。

然而，因为害怕面对现实，就像戒不掉的河童虾味脆饼一样，追逐着某个人的丑闻。

可怕的是，在这一系列过程中自己毫无意识。正因为"毫无意识"，所以找不出自己心里有一团迷雾不散的原因。

◎ 看电视容易形成惰性思维

我认为，要有意识地决定"看"还是"不看"电视。不仅限于看电视，那种**无意识地呆呆地看着的行为是最不好的**。

这种行为不仅会浪费时间，不知不觉中你的身心可能也会被负面信息吞噬。

我一般把我喜欢看的电视节目录下来。录像的话，只会保存指定节目时间段的数据。说得有点多余了。这样的话，如果是一个小时的录播节目就看一个小时，如果是30分钟的录播节目就看30分钟，之后就强行结束。

"适当地看会儿电视后，有干劲儿的时候就起来收拾一下吧。"

"看完30分钟的录像，就起来收拾一下吧。"

你认为哪种做法能按时起身收拾呢？这个不用我多说了吧……

第四章

效果差　困难

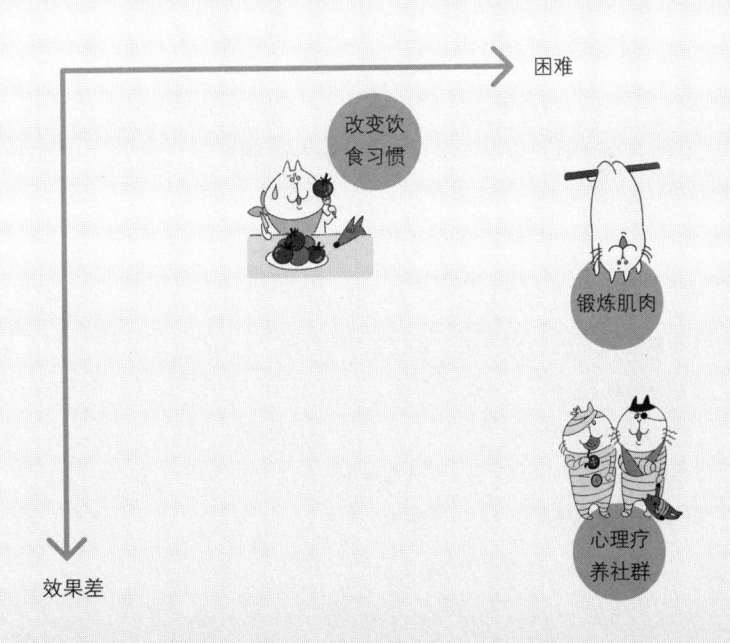

困难

改变饮食习惯

锻炼肌肉

心理疗养社群

效果差

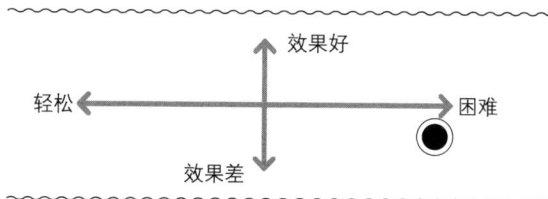

战胜抑郁

一张图表了解治愈抑郁的各种方法

改变饮食习惯

31

轻松 ←→ 困难
↑ 效果好
↓ 效果差

【效果】　　　　★★☆☆☆
【难易度】　　　★☆☆☆☆
【推荐级别】　★★☆☆☆

【优点】	【缺点】
帮你打造抗疲劳体质	麻烦、费钱

◎ 没力气做饭，还是算了吧

"改善饮食习惯就会见效哦"，是不是很熟悉的一句话呢。与其说对抑郁症患者有效，倒不如说改善饮食习惯适用于所有人。

这个道理大家好像都懂，只是健康餐总是差那么一点意思。不仅口味清淡，还没有饱腹感。根本没有"吃爽了啊"的感觉，总会有些遗憾。

我很庆幸我的胃还这么年轻。

据说人类在消化活动中需要消耗大量的能量，所以我认为不好的饮食习惯会在无形中伤害着我们的身体。

在拍摄"26小时电视节目"时，主持人Tamori故意没有摄入食物的事情成为了热门话题。他说是为了防止疲劳故意不吃的。他可能早就知道消化食物会消耗很大的能量的事情了吧。

在此提醒一下，**从血糖值的稳定方面考虑，减餐是不利于健康的。**

通过最新的研究发现，非糖尿病患者身上出现了"平时血糖值正常，'只是餐后的短时间'的血糖值急速上升"的现象。这就是"餐后血糖高"。

实验结果显示，有规律地摄取一日三餐时没有出现"餐后血糖高"现象的人，当省略早餐后，午餐后就出现了"餐后血糖高"的现象。当省略早餐和午餐后，晚餐后会出现更强烈的"餐后血糖高"现象，这也是通过实验得出的结果。也就是说，当停止进食一段时间后，下一顿餐后出现的"餐后血糖高"现象会越发强烈。

无论多忙，保证一日三餐是消除"餐后血糖高"的重要方法。[34]

从血糖值的角度考虑，还是建议按时吃饭的，但是对于人的身体来说，消化是最消耗能量的，所以还有种说法是，为了减轻消化的负担，建议一天吃一餐或两餐。

对于这个问题，因为我不是医学方面的专家，所以很难下定论。即使是医学专家，他们的意见也不一致。

在考虑"吃"的方面的同时，也要考虑如何"做"的方面。

并不喜欢做饭，还要每天坚持做是一件非常不容易的事情。我是单身还好说，有家庭的人应该更加不容易了。把精力都放在了如何做对身体有益的料理上，导致疏忽了好多其他的事情……还要责怪自己没有协调好……如果这样的话，反而不利于健康。

本来是为了健康做的努力，结果过犹不及，导致让自己离健康越来越远，岂不是成了很可悲的一件事情嘛。

如果吃些速食食品就能保持健康那自然好，可现实并没有那么简单。

◎ 吃不了自己想吃的东西就是一种精神压力

顺利度过抑郁症急性期后，感觉身体好些的时候，吃就会成为唯一的乐趣。

吃到好吃的食物时，谁都会有幸福的感觉。

特别喜欢吃健康餐的话再好不过了，就怕有前面说过的那些问题，如说不合胃口或者味道差点儿。

我想，为了健康而"忍着"吃不想吃的食物，精神压力会不会更大呢。

当然，即使这样，也不能天天吃垃圾食品。我个人特别喜欢吃日本传统的早餐，我的饮食习惯可能从刚开始就是比较好的。

- 纳豆。
- 鸡蛋。
- 味噌汤。
- 烤鱼。

每天都能享受完美的早餐。午餐的话，基本就吃方便食品对付一下，我可能就是用良好的早餐和晚餐习惯调节饮食平衡的……

在外面吃的话，基本就吃我喜欢的麦当劳。我知道这种快餐不能吃得太频繁，所以控制在一个月吃一次的程度，基本都在我从医院回来的路上顺便吃一顿。就作为我认真接受治疗的奖励。

◎ 改变了喝饮料的习惯后，感觉到了明显的效果

我在前面讲过，改善饮食是非常重要的。

我个人认为，改变喝饮料的习惯更加轻松且疗效更加明显。

在"效果好·轻松"的部分也介绍过，没有比**喝香草茶更轻松的事情了**。喝就完了。

之前没有喝热饮习惯的我，也很快习惯上喝香草茶了。不是说什么饮料都要喝热的。可以先慢慢习惯，冷热组合也可以。

不要勉强自己就可以了。

如今，患有冷寒症的人特别多，**可以作为改善冷寒症的目的开始喝热饮也不错呢**。

"为了减轻我的抑郁症状，喝！"但也不要过于期待效果哦。毕竟香草茶不是药物。

对于抑郁症患者来说，除了锻炼肌肉外，坚持做任何事都不是件容易的事。如果能坚持下来，说明身体状态已经算不错了。

第四章
效果差 困难 _ 195

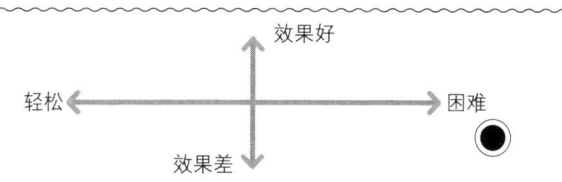

锻炼肌肉

32

效果好 ↑
轻松 ← → 困难 ●
效果差 ↓

【效果】　　★★☆☆☆
【难易度】　★☆☆☆☆
【推荐级别】★☆☆☆☆

【优点】

体力和肌肉有所增强

【缺点】

因为做不好而陷入自我厌恶的状态

◎ "给别人展示"练出来的肌肉，对改善抑郁症更有效

那些练肌肉的人总想把自己的肌肉秀给别人看。我个人认为，以下理由**可以有效地改善抑郁**。

- ·增加自信。
- ·沟通的一个环节。
- ·社区效应显著。

首先是自信。这一点是毋庸置疑的。"锻炼肌肉→长肌肉→秀给别人看→被夸→继续加油"。通过多次反复，就形成了良性循环。

其次是沟通方面。如果是同样喜欢健身的朋友在一起，他们会围绕健身的话题热聊起来。我通过博客切身体会到了兴趣爱好与友谊之间的紧密关系。

最后是社区效应方面。这个可以理解为沟通的升级版。喜欢健身的朋友聚集起来，就成了"爱肌肉社群"。**"属于一个社群"的归属感，可以帮助你消除孤独感。**

◎ 既然想好好练，就应该入"锻炼肌肉教"

一个健身的人说"肌肉可以解决一切！"是不是有一股浓烈的宗教气息？

我认为这其实是一件好事。当今这个年代，很多人都很迷茫，不知道自己该相信什么了。

我并没有信仰任何宗教，但是我读了好多书，可以说我信仰的是"混合教"。

在这个领域的话信那个人的想法，在那个领域的话信这个人的想法，就这样我会随意定制专属于我自己的信仰。

虽然和"锻炼肌肉教"的教徒信仰的东西不一样，但是在**拥有值得自己相信的东西**上是很相似的。

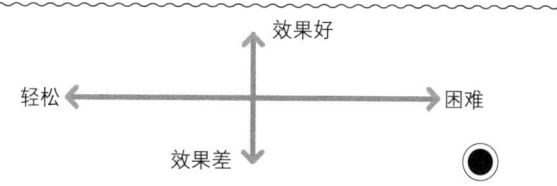

战胜抑郁

一张图表了解治愈抑郁的各种方法

心理疗养社群

33

效果好
轻松 ← → 困难
效果差 ●

【效果】　　★☆☆☆☆
【难易度】　★☆☆☆☆
【推荐级别】★☆☆☆☆

【优点】
有一个可以分享的人

【缺点】
容易闹别扭

◎ "心理疗养社群"是什么

"心理疗养"这个词源于于令人怀旧的"2channel"。我想很多人在网络俚语中有着歧视性的印象，原本是指"聚集在'2channel'的心理健康板块的人群"。

因为给人留下的印象不太好，所以，一般不会使用"心理疗养"这个词。

但是如果用"精神疾病患者社群"或"精神障碍者社群"命名，感觉这种表达方式过于生硬，所以称为了"心理疗养"。

解释得有点啰唆了，简而言之，就是指"精神疾病患者的聚集群"。

然而，不包括在线下组织见面等情况。你可以认为这是**线上活动**。

◎ 即使有专家加入社群干预，也很难维持

这是听一位心理专家说的。

- 冒充专家加入。
- 装作当事人加入。

试了多种方法，但是结果都不太理想。

为什么屡试屡败呢。原来，运营几个月后**会出现社群破坏者这样的角色**。

"社群破坏者"，顾名思义，就是指破坏社群的人。我除了加入心理疗养社群外，还加入了其他社群，所以对这个还算挺了解的。

任何场合都能见到这种人。现实生活中应该也很常见。不知道是图谋不轨还是天生就不善良，净干破坏人际关系的事儿。

这是我个人的猜想，据我分析，正义感强且挥舞着这种正义感的人往往容易成为社群破坏者。

因为并没有犯错，所以很难指出来，最重要的是不喜欢火星子落到自己身上，更不想被牵扯进去。

就这样，置之不理的结果就是，受到来自社群的精神压力而精神崩溃……大概就是这种过程吧。

我一直认为"只要专家介入"是不是就能解决此事，本来是怀有一些期待，但结果却让我很失望。

社群破坏者的案例，并非心理疗养社群独有的话题。

然而，患有心理疾病的人能够承受的压力实在太小，完全做不到自我净化，这样看来，社群成形的日子还很遥远。

◎ 有一天，我也想建一个社群

我一直在想，有一天我也想建一个社群。**对于患有心理疾病的人群来说，社群是非常必要的。**

因为，**孤独是强于一切的敌人。**

堀江贵文先生是一位看似内心特别强大的人，他在一本著作中写过这样的话。

我最强大的敌人是"孤独"。在拘留所，尤其是一到周末，没有外来人来做调查，也没有律师过来探访，见不到任何人。

如果活在自由的世界里，我可以工作、可以去喝酒，过着无忧无虑的生活，但在监狱里，那是痴心妄想。

在狱里，实在是无事可做，结果被以前自由时忙碌而忘却的"死的恐惧"折磨。只能一味地面对自己。

当你被逼成那种状态时，真的会疯掉的。

临近夜晚，我就会找医生开安眠药，喝精神安定剂。[35]

在电视上遭受不正当的炒作，在社交网络上火遍天下的名人，没有比他更火的名人了。从这段经历中，我明白了他比一般人的心理承受能力要强得多。就这样一位心理超级强大的人也没能赢得过孤独。

一旦患上抑郁症，就会处于难以被理解的环境中，孤独感会更加强烈。即使和家人住在一起，也有一种就自己关在监狱里的感觉。

小儿麻痹医生熊谷晋一郎指出，**要消除孤独，最好身边有几个依赖对象。**

我想，所谓的"自立"，就是一种明明依赖于很多事物，却依然自认为"自己什么都不用依赖"的一种状态吧。

所以，想要自立，就应该增加更多的可以依赖的东西。[36]

对于这种观点，我很赞同，且正因为自己经历过，所以很理解这种观点。

我在网上公开了我是一名抑郁症患者的事实，后来结识了很多来自推特、博客的朋友，还有在某个地区活跃的自由职业者等，就这样，我的社交群就随之变多了。与此同时，我觉得我不再是一个孤独的人了。

我不想让任何人冒着风险去发布信息，至少在网上构建一个人人都安心的社交群，这是我的想法。我正在摸索实验当中，还得需要一些时间。

参考文献

［1］ "人気ソーシャルメディアの若者のメンタルヘルスへの影響調査、最高なのはYouTubeで最悪なのはInstagram"、Gigazine, 2018年4月22日, https://gigazine.net/news/20180422-sns-foryoung-mental-health/ソース：Social media and young people's mental health and wellbeing – #StatusOfMind(PDFファイル)https://www.rsph.org.uk/uploads/assets/uploaded/62be270a-a55f-4719-ad668c2ec7a74c2a.pdf.

［2］ "'ネット世論'と'炎上'の実態"、山口真一、'炎上から見るネット世論の真実と未来'講演資料, http://www.glocom.ac.jp/wp-content/uploads/2016/06/20160628_Yamaguchi.pdf.

［3］ "鬱を抱える芥川賞作家を救った、'吐き出す'ということ"、BuzzFeed News、2017年11月9日, https://www.buzzfeed.com/jp/kotahatachi/hitomi-kanehara.

［4］ "思い込みから副作用が生まれるメカニズム：良薬（と思えば）口に苦しの脳回路（10月6日号Science掲載論文）"、NPO法人オール・アバウト・サイエンス・ジャパン公式ページ、2017年10月16日, http://aasj.jp/news/watch/7527.

［5］ 竹田伸也"マイナス思考と上手につきあう 認知療法トレーニング・ブック　心の柔軟体操でつらい気持ちと折り合

う力をつける"遠見書房，2012年.

［6］佐藤純"天気痛を治せば頭痛、めまい、ストレスがなくなる！"扶桑社BOOKS，2015年.

［7］川嶋朗"心もからだも'冷え'が万病のもと"集英社新書，2007年.

［8］"アニマルセラピーの効果について"，わんちゃんホンポ，2018年9月22日 更新，https://wanchan.jp/osusume/detail/1626.

［9］前掲・"人気ソーシャルメディアの若者のメンタルヘルスへの影響調査、最高なのはYouTube で最悪なのはInstagram"，Gigazine.

［10］岡田尊司 "ストレスと適応障害 つらい時期を乗り越える技術"幻冬舎新書，2013年.

［11］前掲・岡田尊司 "ストレスと適応障害 つらい時期を乗り越える技術".

［12］"'深い呼吸'を身につけ不調を改善 働きもののカラダの仕組み　北村昌陽"，ヘルスUP | NIKKEISTYLE，2011年10月23日，https://style.nikkei.com/article/DGXNASFK1902L_Z11C11A0000000.

［13］"通勤ラッシュによるストレスは戦場以上— 調査報告"，CNET Japan，2004年12月2日，https://japan.cnet.com/article/20077623/.

［14］"非定型うつ病の症状"，姫路 心療内科 | 前田クリニック公式ページ，http://www.drmaedaclinic.jp/da1001.html.

［15］田中慎弥"孤独論 逃げよ、生きよ"徳間書店，2017年.

［16］マット・ヘイグ（著），鈴木 恵（翻訳）"今日から地球人"早川書房，2014年.

［17］ "読書がストレス解消に非常に効果的であることが研究で明らかに"，Gigazine，2009年3月30日, https://gigazine.net/news/20090330_reading_reduce_stress/ソース："Reading 'can help reduce stress' – Telegraph"，https://www.telegraph.co.uk/news/health/news/5070874/Reading-can-help-reduce-stress.html.

［18］ ラルフ・ウォルドー・エマソン（著），伊東奈美子（翻訳）"自己信頼[新訳]"海と月社，2009年.

［19］ 加藤忠史"うつ病の脳科学―精神科医療の未来を切り拓く"幻冬舎新書，2009年.

［20］ 岡田尊司"うつと気分障害"幻冬舎新書，2010年.

［21］ 原富英"やめていい薬とやめてはいけない薬の違い"，プレジデントオンライン，2017年12月22日, http://president.jp/articles/-/24045.

［22］ "うつ病の予防に週1時間の運動ウォーキングは気分を明るくする"，日本健康運動研究所公式ページ，2017年10月25日, http://www.jhei.net/news/2017/000511.html.

［23］ 前掲・"うつ病の予防に週1時間の運動ウォーキングは気分を明るくする"，日本健康運動研究所公式ページ.

［24］ デビッド・D・バーンズ（著），野村総一郎ほか（翻訳）"〈増補改訂 第2版〉いやな気分よ、さようなら―自分で学ぶ'抑うつ'克服法"星和書店，2004年.

［25］ 前掲・"'ネット世論'と'炎上'の実態"，山口真一，'炎上から見るネット世論の真実と未来'講演資料.

［26］ "プラセボとは？｜治験について"，武田薬品工業株式会社公式ページ，http://www.takeda.co.jp/ct/placebo.html.

［27］ "'平成28年情報通信メディアの利用時間と情報行動に関

する調査報告書'の公表", 総務省, 2017年7月7日, http://www.soumu.go.jp/menu_news/s-news/01iicp01_02000064.html.

［28］グレッグ・マキューン（著），高橋璃子（翻訳）"エッセンシャル思考 最少の時間で成果を最大にする"かんき出版，2014年.

［29］加藤忠史"うつ病の脳科学—精神科医療の未来を切り拓く"幻冬舎新書，2009年.

［30］"Money and Mental Illness: A Study of the Relationship Between Poverty and SeriousPsychological Problems.", NCBI, https://www.ncbi.nlm.nih.gov/pubmed/26433374.

［31］"年収800万円を超えると幸福度は上昇しなくなる | 橘玲の幸福の'資本'論", ダイヤモンドオンライン, 2017年9月6日, https://diamond.jp/articles/-/141130.

［32］"ＷＨＯ、ゲーム依存症を'疾患'認定へ 予防や治療必要", 朝日新聞デジタル, 2018年6月19日, https://www.asahi.com/articles/ASL6K741TL6KULBJ009.html.

［33］前掲・マット・ヘイグ（著），鈴木 恵（翻訳）"今日から地球人".

［34］""血糖値スパイク"が危ない・見えた！糖尿病・心筋梗塞の新対策", NHK スペシャル公式ページ, https://www.nhk.or.jp/special/kettouchi/result/.

［35］堀江貴文"自分のことだけ考える。無駄なものにふりまわされないメンタル術"ポプラ社，2018年.

［36］"自立は、依存先を増やすこと 希望は、絶望を分かち合うこと", 東京都人権啓発センター, 2012年11月27日, https://www.tokyo-jinken.or.jp/publication/tj_56_interview.html.

后记

"原来有这么多自己无能为力的事情呢……"

也许好多人都有这种想法吧。我也不是刚开始做什么都是完美的。

例如,明明清楚"与别人见面"是很好的做法,但是对于当时的我来说就是一件难度特别大的事情,于是就没有付诸行动。直到现在,一提起与他人见面,就会有紧张感。

重要的是从**"现在的你只需要稍微努力一点就可以做的事情"开始做起**。即使效果不那么显著也没关系。

先从你力所能及的事情开始做吧。

因为这一点真的非常重要,所以,我还是要再重复一遍。

就从"现在的你""只需要稍微努力一点就可以做的事情"开始做吧。

不要听任何人的意见!用你的价值观决定就好。

例如,运动,无论从常识性还是科学性的角度,对抗抑郁症的效果是非常显著的,但对于完全下不了床的患者而言,"运动之后说不定就好了!"这样的想法反而会适得其反。

不要忘了，我们曾经试图用毅力去克服，结果却把心伤到了。

你可能会想："一直坚持做这种看似效果微乎其微的事情，没什么意义。"

然而，你别无选择。这世上根本不存在"做这件事情，抑郁症一下子就能痊愈！"这种好事情。但，请你放心。**即使是有了很不起眼的效果，但是就是那么一点效果会增加你的自信**。不用恐慌，只要你按照你自己的节奏，一步一个脚印地前进就好。

要想以最快的速度治疗抑郁症，就不能心急，速度要保持在"这是不是太慢了？"的程度上，还要不断地安慰自己，在每次成功迈上一个台阶的时候都表扬一下自己，只能这样。

无论什么事，刚开始是最消耗能量的，且没有明显的效果。汽车也如此，刚启动时要狠踩油门，且特别费油。然而，也没前进多远。刚开始的0~20千米比较费油，到60~80千米时是相对稳定的。

学习、工作以及抑郁症治疗也是如此。不过，一旦开始了，**坚持下去的话会越来越轻松**。

但是，**当你感到疲倦时，可以停下来休息休息**。有心情再战时，再重新开始就可以了。

我不希望大家受到压力之苦，只要按照自己的节奏，一关一关地闯下去的话，无论是谁都可以做到。你也不例外哦。

在任何情况下，总有一些事情是你可以做到的。自认为做不到，肯定是和周边的"健康的人"作了比较。

要随时考虑自己的身体状态，先找一些通过自己稍微努力就能做到的事情。**如果周边没有表扬你的人，那你就自己表扬自己。**

当你看完本书后，若已经开始做某件事了，我一定会全力支持你，给你点赞。你既然读到"后记"部分了，说明你已经开始实践"读书"了。真是太棒了！

你看，其实你可以做到的。

我也要好好考虑我的往后余生，想一想自己当前能做到的"小小的事"。

我通过抑郁症的治疗，懂得了看似绕远的路，其实是一条捷径的道理。

如果本书能在你面对抑郁症的人生中，哪怕有那么一点帮助，作为作者的我，将感到无比欣慰。

解说

在这个指望不上医生的国度里，要相信"患者的力量"

精神科医生　和田秀树

坦率地说，这是一本很好的书。

这本书因为不是出自医生的手，所以几乎没有提及作者没服用过的药物的说明，也没有提及我关注的治疗法——电磁刺激治疗法和无抽搐电痉挛治疗法等，却记载了很多只有经历者才能写出来的内容，让身为医生的我受益匪浅。

关于最关键的映射图部分（效果、难易度、推荐级别），可能会因人而异，但是在每一个治疗方法和生活技巧方面，能看得出作者在调研方面下了不少工夫。"嗯？"像这样，没发现让我产生疑虑的问题。

尤其是介绍社交网络的活用法的部分，如果不是抑郁症患者、不是社交网络用户的话是写不出来的，我认为比医生的建议更有参考价值。除此之外，很少有书能如此准确地论述日常生活中容易做到的事情和平时多发的事情的效用。

首先，正如作者讲述的那样，像抑郁症这种心理疾病，原则上不能仅靠药物治疗（其他心理疾病也大致如此）。然而，在日本，由于精神科医生的诊疗时间匮乏，加之教育培训水平低下，虽然偶尔能碰到悟性高的医生，但不可否认的是，精神科医生在药物以外的治疗上非常不认真。

1.经历者的建议还是很有效的

从根本上来说，患者的力量、自愈能力自不必说，我认为对其他患者产生治疗影响的力量也值得相信。

例如，按照专业医生的说法，依赖症是进行性的，无法自然治愈的——因服用兴奋剂多次被捕的人，患有依赖症的可能性极大，别说其本人了，连父母都会被定罪，即使是弹珠游戏等依赖赌博的行为，也会被归结为"意志薄弱"——尽管如此，目前最有效的治疗方法还是"自助小组"。患者之间互相敞开自己的弱点，并互相接受对方的弱点，有时还会相互告诉自己是如何戒掉依赖物质和依赖行为的，给还未脱离依赖症的成员提供建议。这就是最佳的治疗方法。

在治疗酒精依赖症方面，有一种喝酒就恶心的药物，其他的依赖症也同样如此。为了减轻戒掉时的痛苦，医生就会开安定剂之类的药物，尽管如此，全凭药物是无法治愈的，连专业的心理咨询师也束手无策的依赖症的治疗方面，患者群的治疗方法却十分有效。

我通过精神分析认为"森田疗法"是一种有效的治疗法，近20年来我一直在学习这个疗法，这里就有一个"生活发现会"的群。

在这里会有精神官能症得到了改善或治愈的患者，以及曾经的患者，向新的患者分享自己是如何通过森田疗法治愈的一些经验及建议。多年来，就是它拯救了医术不成熟的森田疗法的医生和临床心理师。

20多年来，我一直在坚持组织认知障碍患者的家庭聚会，深深体会到了经验者建议的有效性。

所以，我并不认为医生很了不起，更不认为患者说的是毫无意义的话。

2.日本的精神科医疗教育不成熟是一面

有过美国留学经验的人评价说，日本的精神医疗教育太不完善了，所以，参考患者的经验帖后再提出医学上的建议会更有效。

我曾经为了学习精神分析学到美国的卡尔·梅宁格精神医学院留学。除了学习精神分析，我还学习了认知疗法、小组疗法、简快疗法、家庭疗法、临床催眠，还有药物疗法和前面提到的电磁刺激疗法等各种治疗方法。这是为了第一种治疗方案无效时，作为第二、第三治疗方案而学。

然而，在日本，研究药物治疗的生物学方面的精神医学过于内卷，全国82个精神科医疗机构中，没有一位主任医师或教授从事像我一样专门从事心理咨询的，这种现状真的是糟透了。

星野良辅先生一般多在博多市开展活动，推测他应该住在福冈，而福冈恰恰是曾经心灵治疗教育很出色的地区。

池见酉次郎氏在日本设立了第一个心理内科的医疗机构，在九州大学的医学部盛行了森田疗法，在精神分析方面权威的西园昌久先生长年担任福冈大学的教授，同时，在九州大学和福冈教育大学开设了心理咨询领域的培训机构。

北山修先生，世人认为他是一位音乐家，曾在伦敦留学，他是第一位论文被国际精神分析杂志采纳的日本人，且长年在九州大学教授心理临床专业。

除了药物疗法以外，有很多可以提供心理疗法的医生，也有很多优秀的心理咨询师。

霍西先生正因为遇到了值得信赖的精神科医生，才能以去见挚友聊天般的心态接受心理治疗的吧。

然而，像日本东北地区这些地方，东北大学的精神科教授佐藤先生作为该地区的领头人，在他15年的任职期间，因为没有为心理治疗方面的论文颁发博士学位而彻底把精神疗法学排除在外，因而在一些地区，那些立志成为心理治疗师的人，不得不到东京等中心地区求学。

我周边也有特意到东京就学的人，到远方求学的算是少数派。

至少比我早一点年代的老师们，在大学医疗机构，即使学到了药物的使用方法，也没有接受正规的心理治疗教育。

因此，能够对东日本大地震造成的创伤进行治疗（药物几乎无效）的医生少之又少，直到现在，我每个月还会去做志愿者。

当然，像星野良辅先生用他的经验能给予患者治疗方面的建议，即使没有受过高等教育的人，只要有临床经验，也能提供有效的治疗意见。在很多地区，想找到合适的精神科医生或心理咨询师并不容易，而通过药物再加上依靠自己的毅力解决这些问题，本书无疑会有很大帮助。

精神科医生和临床心理咨询师也请读一读。

美国精神医学教育方面有一种文化特别值得欣赏，那就是让学生"体验一把患者"。

这是从弗洛伊德传下来的传统，要想成为精神分析家，学生本人有义务接受精神分析（成为患者）。我在留学期间，花了两年半的时间，每周接受五次精神分析。

最开始就是以教育分析的目的进行的，但也许是因为异国体验带来的精神萎靡，感觉自己慢慢地变得像一个真的患者。当时的精神导师因心脏病请了2个月的病假，当时我特别焦虑，当导师重新回归时，我又欣喜若狂。回到日本之后，为了保持自己的精神状态，每周抽出两天时间，到土居健郎先生（因著作《容许撒娇》而出名）那里接受精神分析。

精神分析疗法虽然衰落了，但这个传统似乎还在延续，在美国，很多精神科医生都有自己的精神科医生。通过自己成为一名患者，从患者的角度会发现很多问题，并通过体验患者，我能够不骄不躁地倾听患者的倾诉。

在日本，体验过患者的精神科医生应该为数不多（自曝患有躁郁症=双向情感障碍的医生，治疗成果一般都很好，很受患者欢迎）。这本书中收藏了很多患者的经验帖，正因为如此，我更希望精神科医生和临床心理咨询师阅读这本书。

当然，令人遗憾的是，霍西先生分享的内容毕竟很有限，无法适用于所有抑郁症病症（毕竟精神科的治疗没有狭隘到仅靠一个人的体验和学习就能够完全覆盖）。希望这本书能够成为畅销书，期待第二个、第三个星野良辅先生出现。